A. Silvain

Carnet du SERRURIER-CONSTRUCTEUR

CARNET

DU

SERRURIER - CONSTRUCTEUR

CARNET

DU

SERRURIER-CONSTRUCTEUR

TABLEAUX DE RÉSISTANCE DES FERS A **I**, — DES POUTRES EN TOLE ET CORNIÈRES. — DIVISIONS DES SOLIVES DES PLANCHERS SUIVANT LES CHARGES A PORTER. — RÉPARTITIONS DES CHARGES. — RÉSISTANCE DES COLONNES EN FONTE PLEINES ET CREUSES. — RENSEIGNEMENTS PRATIQUES DE TOUTES NATURES. — POIDS DES FERS MARCHANDS ET DES FERS SPÉCIAUX. — POIDS AU MÈTRE SUPERFICIEL DES PLANCHERS. — POIDS DES POUTRES EN TOLE ET CORNIÈRES. — POIDS DES BOULONS, DES FONTES DE BATIMENT, ETC., ETC.

Ouvrage entièrement pratique mis à la portée de tout le monde

INDISPENSABLE AUX ARCHITECTES, INGÉNIEURS
MÉTREURS, VÉRIFICATEURS, ENTREPRENEURS, CHEFS D'ATELIERS
OUVRIERS, ETC., ETC.

PAR

A. SILVAIN

INGÉNIEUR

Ancien élève de l'École nationale d'Arts et Métiers d'Angers
Lauréat de la Société centrale des Architectes, au congrès universel de 1878

Bureau central de vente : 39, rue Laffitte, Paris.

PARIS

IMPRIMERIE CENTRALE DES CHEMINS DE FER

A. CHAIX & Cie

RUE BERGÈRE, 20, PRÈS DU BOULEVARD MONTMARTRE

1879

PRÉFACE

—

Depuis longtemps déjà j'avais, pour mon usage personnel, réuni en forme de notes, la plus grande partie des matières contenues dans le présent volume; c'est aux sollicitations bienveillantes des nombreuses personnes en présence desquelles j'ai eu l'occasion de consulter ces notes, que je me rends en mettant au jour le **Carnet du Serrurier-Constructeur.**

Bien décidé, tout d'abord, à ne donner à l'appui des tableaux qui forment le fond de cet ouvrage que les explications strictement nécessaires à leur usage, je me suis trouvé dans l'obligation d'y ajouter quelques développements *et surtout des exemples*, non pas que j'aie eu la prétention, dans un cadre aussi restreint, de faire un cours de construction; mais j'ai pensé qu'il n'était pas inutile, pour l'intelligence de ces tableaux, d'exposer, aussi succinctement que possible, les principes généraux de la résistance des matériaux appliquée aux cas les plus communs de la construction en fer.

A ce sujet, je crois devoir répondre, par avance, aux critiques qu'on ne manquera pas de faire sur la place prise par ces exemples venant à la suite de formules ou de principes assez simples pour être compris sans aucune explication; je répondrai, dis-je, que ce petit livre, bien que conçu *avec l'espérance qu'il pourra être utile à tous*, s'adresse surtout à ceux que des études spéciales n'ont pas familiarisés avec la langue des mathématiques; c'est cette même raison qui nous a fait remplacer, autant que possible, les formules ordinaires par des résultats, c'est-à-dire par des tableaux; et, dans les rares endroits où les formules sont indispensables, ou impossibles à supprimer, de les ramener, non-seulement à une forme simple, mais encore de les rendre palpables, s'il est permis de s'exprimer ainsi, par des exemples.

Si, faisant ainsi, j'ai pu réussir à mettre une partie de la science de l'ingénieur-constructeur à la portée de *ceux dont les connaissances en mathématiques ne dépassent pas les quatre premières règles de l'arithmétique*, j'aurai atteint le but que je me suis proposé et qui peut être résumé ainsi : *condenser, en un petit volume et sous la forme la plus simple, une foule de renseignements qu'on ne trouve qu'éparpillés dans de nombreux volumes dont l'usage exige une instruction qui manque au grand nombre.*

A. SILVAIN.

Paris, Février 1879.

INTRODUCTION

SIGNES USITÉS DANS LES MATHÉMATIQUES

Le signe $=$ signifie *égale*; ainsi : $a = b$ s'énonce a égale b.

    » $+$ »   *plus*;   » $a + b$ » a plus b.

    » $-$ »   *moins*;   » $a - b$ » a moins b.

    » $\times$ »   multiplié par » $a \times b$ » a multiplié par b.

Quelquefois, au lieu d'employer le signe $\times$, on se contente, mais seulement dans le cas de lettres représentant des quantités, d'écrire simplement ces lettres à la suite l'une de l'autre; ainsi ab indique que a doit être multiplié par b.

Le signe : signifie *divisé par*; ainsi $a : b$ s'énonce a divisé par b.

Souvent, pour indiquer qu'un nombre doit être divisé par un autre, on écrit le dividende et au-dessous le diviseur, en les séparant par un trait horizontal; ainsi $\frac{a}{b}$ qui s'énonce a *sur* b indique que a doit être divisé par b.

Lorsque deux, ou un plus grand nombre de quantités, séparées par les signes précédents, sont enveloppées par deux parenthèses et précédées ou suivies d'un nombre, cela indique qu'il faut d'abord effectuer les opérations entre parenthèses et, ensuite, multiplier le résultat par le nombre en dehors desdites parenthèses.

Ainsi $d (a + b)$ s'énonce d multipliant a plus b et indique qu'il faut ajouter a à b et multiplier la somme par d.

De même, $\left(\frac{a - b}{c}\right) d$ s'énonce a moins b sur c multiplié par d et indique qu'il faut retrancher b de a, diviser le reste par c et, enfin, multiplier le quotient par d.

Le chiffre placé à droite et un peu au-dessus d'une lettre ou d'un nombre s'appelle *exposant*; il indique que cette lettre ou ce nombre doit être multiplié par lui-même autant de fois qu'il y a d'unités dans l'exposant;

L'exposant 2 indique le carré, ainsi a^2 s'énonce a au carré;

    —   3   —   le cube,   — a^3 — a au cube;

Les exposants 4, 5, 6 .... n indiquent la quatrième, la cinquième, la sixième, la $n^{ième}$ puissance;

Ainsi a^4 s'énonce a à la quatrième puissance.

— a^5 — a — cinquième —

— a^6 — a — sixième —

— a^n — a — $n^{ième}$ — etc., etc.

Le chiffre placé devant une lettre, et qu'on appelle *coefficient*, indique que cette lettre doit être multipliée par ledit coefficient ainsi :

5 a indique qu'il faut répéter a cinq fois.

Le signe $\sqrt{}$, placé en avant d'une lettre ou d'un nombre, indique la racine carrée de cette lettre ou de ce nombre. Ainsi :

$\sqrt{a}$ s'énonce : racine carrée de a;

placé en avant d'une formule, la barre horizontale prolongée au-dessus de toutes les lettres, ce signe indique qu'il faut prendre la racine carrée de toute l'expression. Ainsi :

$$\sqrt{\frac{a \times b}{c}}$$

s'énonce : racine carrée de a multiplié par b divisé par c.

Le signe $\sqrt[3]{}$ indique la racine cubique.

Le signe $\sqrt[4]{}$ indique la racine quatrième, etc.

Le signe $>$ signifie plus grand.

Le signe $<$ signifie plus petit.

Ainsi : $a > b$ s'énonce a plus grand que b.

$c < d$ s'énonce c plus petit que d.

On est convenu, généralement, de désigner les quantités connues par les premières lettres de l'alphabet : a, b, c, d, e, f, etc., et les inconnues par les dernières : x, y, z.

SYSTÈME MÉTRIQUE

Le *mètre*, base du système légal des poids et mesures en France, est la quarante millionième partie du méridien terrestre, c'est-à-dire de la circonférence de la terre à l'équateur.

MESURES LINÉAIRES OU DE LONGUEUR

L'unité est le *mètre*.

Le mètre a pour *multiples* : le décamètre, égal à 10 mètres.
 —   — l'hectomètre — 100 —
 —   — le kilomètre — 1000 —
 —   — le myriamètre — 10000 —

La lieue de poste vaut 4 kilomètres ou 4000 mètres.

La lieue marine — 5 kilomètres 535^m56 ou 5555^m56.

Le mille marin — 1 kilomètre 851^m85 ou 1851^m85.

Le mètre a pour *sous-multiples* :

Le décimètre $(0^m,1)$, dixième partie du mètre.

Le centimètre $(0^m,01)$, centième partie du mètre.

Le millimètre $(0^m,001)$, millième partie du mètre.

Le mètre contient, par conséquent, 10 décimètres.
         ou 100 centimètres.
         ou 1000 millimètres.

Le décimètre contient — 10 centimètres.
         ou 100 millimètres.

Le centimètre contient — 10 millimètres.

MESURES DE SURFACES

L'unité est le *mètre carré* $(1^{mc},00)$; c'est un carré dont les côtés ont un mètre de longueur.

Les sous-multiples du mètre carré sont :

Le décimètre carré $(0^{mc},01)$, centième partie du mètre carré ;

Le centimètre carré $(0^{mc},0001)$, dix-millième — —

Le millimètre carré $(0^{mc},000001)$, millionième — —

Le mètre carré contient, par conséquent, 100 décimètres carrés.
        ou 10000 centimètres carrés.
        ou 1000000 de millim. carrés.

Le décimètre carré contient. . . 100 centimètres carrés.
        ou 10000 millimètres carrés.

Le centimètre carré contient . . 100 millimètres carrés.

Dans les mesures agraires ou de terrains, on prend pour unité l'*are*; c'est un carré de 10 mètres de côté ou de 100 mètres de superficie.

Son multiple est l'*hectare*, égal à 100 ares ou à 10000 mètres carrés.

Son sous-multiple est le *centiare*, égal à 1 mètre carré.

MESURES DE VOLUMES

—

L'unité est le *mètre cube* (1^{mch},000); c'est un cube dont les arêtes ont un mètre de longueur, ou dont chaque face est un carré égal à un mètre carré.

Les sous-multiples du mètre cube sont :

Le décimètre cube (0^{mch},001), millième partie du mètre cube.

Le centimètre cube (0^{mch},000001), millionième — —

Le millimètre cube (0^{mch},000000001), billionième — —

Donc :

Le mètre cube vaut mille   (1000) décimètres cubes.
    ou un million   (1000000) de centimètres cub.
    ou un milliard   (1000000000) de millimètres cub.
Le décimètre cube vaut mille   (1000) centimètres cubes.
    ou un million   (1000000) de millimètres cub.
Le centimètre cube vaut mille   (1000) millimètres cubes.

L'unité de mesurage des bois est le *stère*, qui est égal au mètre cube.

Son multiple est le *décastère*, qui vaut 10 stères.

Son sous-multiple est le *décistère*, qui est la dixième partie du stère.

MESURES DE CAPACITÉS

—

L'unité est le *litre*, contenance d'un décimètre cube.

Ses multiples sont :

Le décalitre, qui vaut 10 litres (conten^ce de 10 décim. cubes)
L'hectolitre — 100 — — 100 — —
Ses sous-multiples sont :

Le décilitre : 10ᵉ partie du litre (contenᶜᵉ de 100 centim. cubes).
Le centilitre : 100ᵉ   —   —   10   —   —
L'eau pesant 1 kilogramme le litre, il en résulte que :

        1 hectolitre d'eau pèse 100 kilogrammes.
        1 décalitre   —   —   10   —
        1 décilitre   —   —   0,100 grammes.
        1 centilitre —   —   0,010   —

MESURES DE POIDS

—

L'unité est le *gramme*, poids d'un centimètre cube d'eau distillée et ramenée à son maximum de densité.
Les multiples du gramme sont :

        Le décagramme, qui vaut   10 grammes.
        L'hectogramme   —   100   —
        Le kilogramme   —   1000   —

Ses sous-multiples sont :
        Le décigramme, dixième partie du gramme.
        Le centigramme, centième —   —

Le quintal métrique vaut 100 kilogrammes.
La tonne vaut 1000 kilogrammes ou 10 quintaux métriques.
Le tonneau (unité employée dans la marine) vaut 1000 kilogr.

MONNAIES

—

L'unité des monnaies françaises est le *franc*, pièce d'argent au titre 9/10 pesant cinq grammes.
Ses sous-multiples sont :

        Le décime, dixième partie du franc.
        Le centime, centième partie du franc.

Monnaies d'argent {
    Le diamètre de la pièce de 1 franc égale 23 millimètres.
     —   —   2 francs — 27   —
     —   —   5 francs — 37   —
     —   —   50 cent. — 18   —
     —   —   20 cent. — 15   —

Cent francs en pièces d'argent pèsent 0^k500
Mille — — — 5^k000
Cent mille — — — 500^k000
Un million — — — 5000^k000

Monnaies d'or :

La pièce de 5 francs pèse $1^{gr}612$ — Diamètre 0^m017
— 10 — — $3^{gr}2258$ — — 0^m019
— 20 — — $6^{gr}45161$ — — 0^m021
— 50 — — $16^{gr}1290$ — — 0^m028
— 100 — — $32^{gr}2580$ — — 0^m035

Cent francs en pièces d'or pèsent $0^k032^{gr}258$
Mille — — — $0^k322^{gr}580$
Cent mille — — — 32^k258
Un million — — — 322^k580

Monnaies de billion :

La pièce de 10 centimes pèse $10^{gr}00$. — Diamètre 0^m030
— 5 — — $5^{gr}00$ — 0^m025
— 2 — — $2^{gr}00$ — 0^m020
— 1 — — $1^{gr}00$ — 0^m015

Cent francs en monnaie de billion pèsent 10^k00
Mille — — — — 100^k00
Cent mille — — — — 10000^k00
Un million — — — — 100000^k00

Dans les monnaies françaises, l'or vaut 15 fois 1/2 l'argent.
— — — 310 — le cuivre.
— — l'argent vaut 20 — le cuivre.

MESURES DES SURFACES PLANES

—

La surface du *carré* est égale au carré d'un des côtés :

$$S = a^2$$

La surface du *rectangle* est égale au produit de la base multipliée par la hauteur :

$$S = a \times b$$

La surface du *parallélogramme* est égale au produit de la base multipliée par la hauteur :

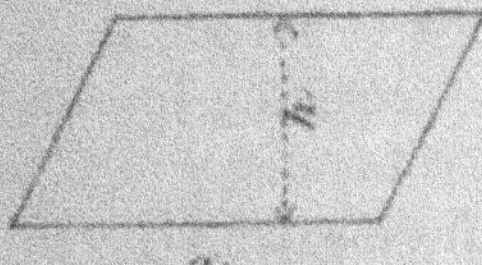

$$S = a \times h$$

La surface du *losange* est égale au produit des deux diagonales :

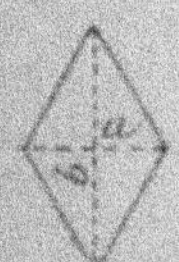

$$S = a \times b$$

La surface du *triangle* est égale au produit de la base par la moitié de la hauteur :

$$S = a \times \frac{h}{2} \text{ ou } \frac{a \times h}{2}$$

La surface du *trapèze* est égale au produit de la demi-somme des côtés parallèles multipliée par la hauteur :

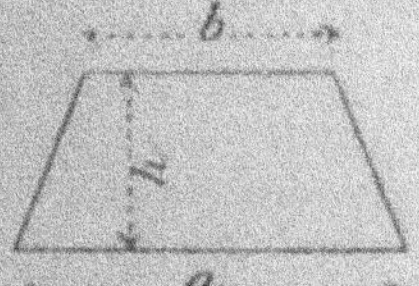

$$S = \frac{a + b}{2} \times h$$

La surface d'un *polygone régulier* est égale au produit de son périmètre par la moitié de l'apothème (rayon de la circonférence inscrite).

Le périmètre est égal à un côté *a* multiplié par le nombre *n* des côtés du polygone :

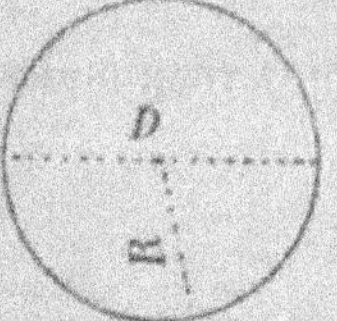

$$S = \left(n \times a\right) \frac{R}{2} \text{ ou } \left(\frac{n\,a}{2}\right) R$$

La longueur de la *circonférence* est égale à :

$$2\,\pi\,R \quad (\pi = 3,14159 \text{ ou approximativement } 3,14)$$

Donc L longueur de la circonférence $= 6,28 \times R$

ou en fonction du diamètre $= 3,14 \times D$

La surface du *cercle* est égale à $\pi\,R^2$

ou à $3,14 \times R^2$ (carré du rayon)

ou en fonction du diamètre : $S = \dfrac{D^2}{1,273}$ (carré du diamètre)

ou encore à $0,7854\ D^2$

La surface du *secteur* (AOB) est égale au produit de la longueur de son arc multipliée par la moitié du rayon :

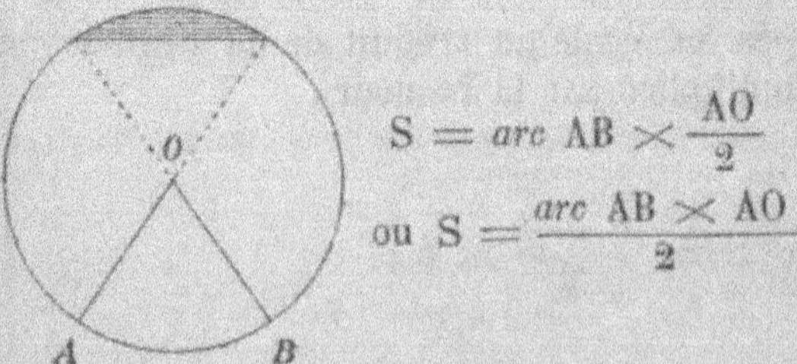

$$S = arc\ AB \times \frac{AO}{2}$$

$$\text{ou } S = \frac{arc\ AB \times AO}{2}$$

La surface du *segment* est égale à la surface du secteur ayant le même arc, moins la surface du triangle ayant pour base la corde du segment et pour côtés les deux rayons du secteur.

MESURES DES SOLIDES

—

SURFACES ET VOLUMES

La surface totale d'un *cube* est égale au carré de l'une des arêtes multiplié par 6 :

$$S = a^2 \times 6 \text{ ou } 6\,a^2$$

Le volume d'un *cube* est égal au cube d'une de ses arêtes :

$$V = a^3$$

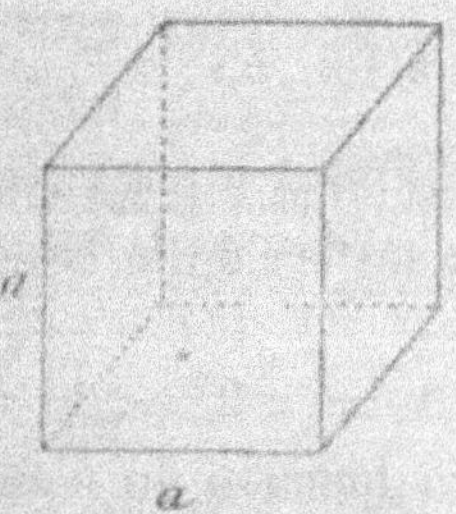

La surface totale d'un *parallélipipède* est égale à la somme des surfaces de ses faces :

Le volume d'un *parallélipipède* est égal au produit de la surface de la base par la hauteur :

$$V = (\,a \times b\,)\,c \text{ ou } a \times b \times c$$

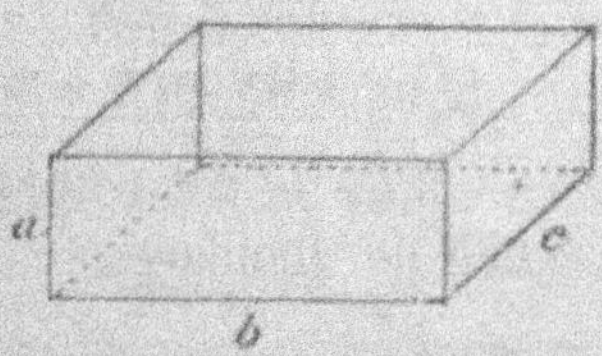

La surface totale d'une *pyramide* est égale à la somme des produits de ses faces.

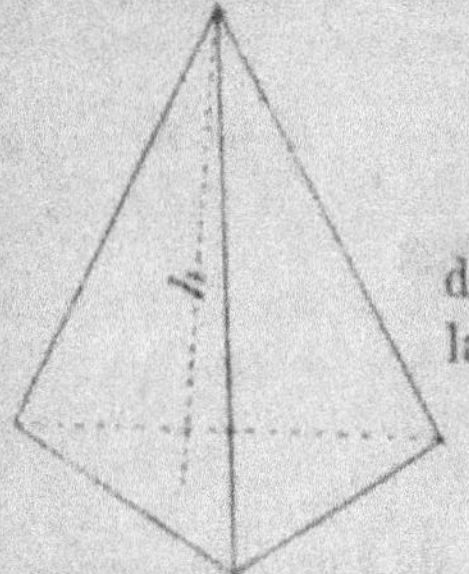

Le volume d'une *pyramide* est égal au produit de la surface de la base par le $\frac{1}{3}$ de la hauteur.

La surface totale d'un *cylindre* est égale à la somme des surfaces des deux bases plus la circonférence de la base multipliée par la hauteur, c'est-à-dire :

$$S = 2\,\pi\,R^2 + 2\,\pi\,Rh \text{ ou } 6,28 \times R^2 + 6,28 \times Rh$$

ou en fonction du diamètre :

$$S = \frac{2\,D^2}{1,273} + \pi\,Dh \text{ ou } \frac{2\,D^2}{1,273} + 3,14 \times Dh$$

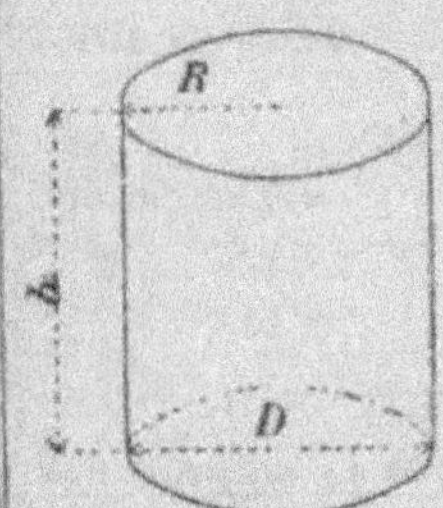

Le volume du *cylindre* est égal au produit de la surface de la base multipliée par la hauteur :

$$V = \pi\,R^2 \times h \text{ ou } 3,14 \times R^2\,h$$

ou en fonction du diamètre :

$$V = \frac{D^2 \times h}{1,273}$$

La surface totale d'un *cône droit* est égale à la surface de la base plus le produit de la circonférence de cette même base par la moitié de la génératrice l :

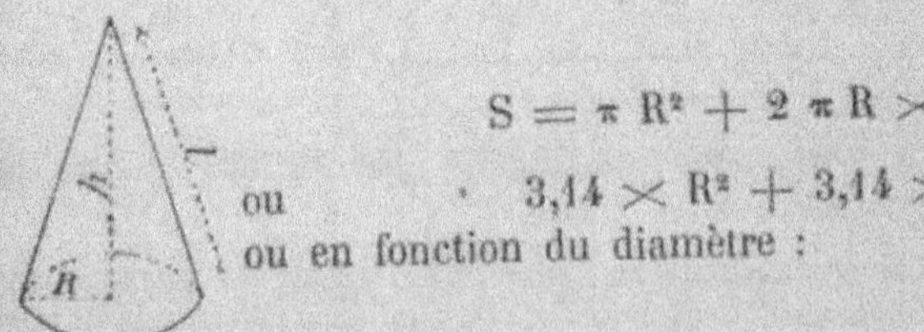

$$S = \pi\,R^2 + 2\,\pi\,R \times \frac{l}{2}$$

$$\text{ou} \qquad 3,14 \times R^2 + 3,14 \times l$$

ou en fonction du diamètre :

$$S = \frac{D^2}{1,273} + \pi\, D \times \frac{l}{2} \quad \text{ou} \quad \frac{D^2}{1,273} + 3,14 \times D \times \frac{l}{2}$$

Le volume d'un *cône droit* est égal au produit de la surface de la base par le tiers de la hauteur :

$$V = \pi\, R^2 \times \frac{h}{3} \quad \text{ou} \quad \left(3,14 \times R^2 \right) \frac{h}{3} \quad \text{ou} \quad \frac{R^2\, h}{1,0133}$$

ou en fonction du diamètre :

$$V = \frac{D^2}{1,273} \times \frac{h}{3} \quad \text{ou} \quad \frac{D^2\, h}{3,819}$$

La surface d'une *sphère* est égale à la circonférence de grand cercle multipliée par le diamètre :

$$S = 2\, \pi\, RD \quad \text{ou} \quad 6,28 \times RD$$

ou à 4 surfaces de grands cercles :

$$S = 4\, \pi\, R^2 = 12,56 \times R^2$$

ou en fonction du diamètre :

$$S = \frac{4\, D^2}{1,273} = 3,1416 \times D^2$$

Le volume d'une *sphère* est égal à sa surface multipliée par le tiers du rayon :

$$V = 4\, \pi\, R^2 \times \frac{R}{3} \quad \text{ou} \quad \frac{4\, \pi\, R^3}{3} = \frac{12,56 \times R^3}{3} = 4,187 \times R^3$$

ou en fonction du diamètre :

$$V = \frac{4\, D^2}{1,273} \times \frac{D}{6} = \frac{4\, D^3}{7,638} = 0,5237 \times D^3$$

RELATIONS ENTRE LES CERCLES
ET LES CARRÉS

—

Le diamètre d'un *cercle* multiplié par 0,8862 donne le côté d'un carré équivalent à ce cercle.

La circonférence d'un *cercle* multipliée par 0,2821 donne le côté d'un carré équivalent à ce cercle.

La surface du *cercle* multipliée par 0,6366 égale la surface du carré inscrit.

La surface d'un *carré* multipliée par 0,7854 égale la surface d'un cercle inscrit dans ce carré.

La surface du *cercle* multipliée par 1,273 égale la surface d'un carré circonscrit à ce cercle.

Le côté d'un *carré* multiplié par 1,128 égale le diamètre d'un cercle équivalent.

Le côté d'un *carré* multiplié par 3,545 égale la circonférence d'un cercle équivalent.

TABLEAU

donnant la longueur de la circonférence et la surface du cercle

POUR LES

diamètres de 1 à 200.

Diamètre	Circonférence	Surface du Cercle	Diamètre	Circonférence	Surface du Cercle	Diamètre	Circonférence	Surface du Cercle	Diamètre	Circonférence	Surface du Cercle
m/m	m/m	mill car	m/m	m/m	mill car	m/m	m/m	mill car	m/m	m/m	mill car
1	03 1	0 78	51	1 60 2	20 42 82	101	3 17 3	80 11 85	151	4 74 4	1 79 07 86
2	06 3	3 14	52	1 63 4	21 23 72	102	3 20 4	81 71 28	152	4 77 5	1 81 45 84
3	09 4	7 07	53	1 66 5	22 06 18	103	3 23 6	83 32 29	153	4 80 7	1 83 85 39
4	12 6	12 57	54	1 69 6	22 90 22	104	3 26 7	84 94 87	154	4 83 8	1 86 26 50
5	15 7	19 63	55	1 72 8	23 75 83	105	3 29 9	86 59 02	155	4 86 9	1 88 69 19
6	18 8	28 27	56	1 75 9	24 63 01	106	3 33 0	88 24 73	156	4 90 1	1 91 13 45
7	22 0	38 48	57	1 79 1	25 51 76	107	3 36 2	89 92 02	157	4 93 2	1 93 59 28
8	25 1	50 27	58	1 82 2	26 42 08	108	3 39 3	91 60 88	158	4 96 4	1 96 06 68
9	28 3	63 62	59	1 85 4	27 33 97	109	3 42 4	93 31 32	159	4 99 5	1 98 55 65
10	31 4	78 54	60	1 88 5	28 27 43	110	3 45 6	95 03 32	160	5 02 7	2 01 06 19
11	34 6	95 03	61	1 91 6	29 22 47	111	3 48 7	96 76 89	161	5 05 8	2 03 58 31
12	37 7	1 13 10	62	1 94 8	30 19 07	112	3 51 9	98 52 04	162	5 08 9	2 06 11 99
13	40 8	1 32 73	63	1 97 9	31 17 24	113	3 55 0	1 00 28 75	163	5 12 1	2 08 67 25
14	44 0	1 53 94	64	2 01 1	32 16 99	114	3 58 1	1 02 07 03	164	5 15 2	2 11 24 07
15	47 1	1 76 71	65	2 04 2	33 18 31	115	3 61 3	1 03 86 89	165	5 18 4	2 13 82 47
16	50 3	2 01 06	66	2 07 3	34 21 19	116	3 64 4	1 05 68 32	166	5 21 5	2 16 42 43
17	53 4	2 26 98	67	2 10 5	35 25 65	117	3 67 6	1 07 51 32	167	5 24 6	2 19 03 97
18	56 5	2 54 46	68	2 13 6	36 31 68	118	3 70 7	1 09 35 88	168	5 27 8	2 21 67 08
19	59 7	2 83 53	69	2 16 8	37 39 28	119	3 73 8	1 11 22 02	169	5 30 9	2 24 31 76
20	62 8	3 14 16	70	2 19 9	38 48 45	120	3 77 0	1 13 09 73	170	5 34 1	2 26 98 01
21	66 0	3 46 36	71	2 23 1	39 59 19	121	3 80 1	1 14 99 02	171	5 37 2	2 29 65 83
22	69 1	3 80 13	72	2 26 2	40 71 50	122	3 83 3	1 16 89 86	172	5 40 4	2 32 35 22
23	72 3	4 15 47	73	2 29 3	41 85 39	123	3 86 4	1 18 82 29	173	5 43 5	2 35 06 18
24	75 4	4 52 39	74	2 32 5	43 00 84	124	3 89 6	1 20 76 28	174	5 46 6	2 37 78 72
25	78 5	4 90 87	75	2 35 6	44 17 86	125	3 92 7	1 22 71 85	175	5 49 8	2 40 52 82
26	81 7	5 30 93	76	2 38 8	45 36 46	126	3 95 8	1 24 68 98	176	5 52 9	2 43 28 50
27	84 8	5 72 56	77	2 41 9	46 56 63	127	3 99 0	1 26 67 69	177	5 56 1	2 46 05 74
28	88 0	6 15 75	78	2 45 0	47 78 36	128	4 02 1	1 28 67 96	178	5 59 2	2 48 84 56
29	91 1	6 60 52	79	2 48 2	49 01 66	129	4 05 3	1 30 69 81	179	5 62 3	2 51 64 94
30	94 2	7 06 86	80	2 51 3	50 26 55	130	4 08 4	1 32 73 23	180	5 65 5	2 54 46 90
31	97 4	7 54 77	81	2 54 5	51 52 00	131	4 11 5	1 34 78 22	181	5 68 6	2 57 30 43
32	1 00 5	8 04 25	82	2 57 6	52 81 02	132	4 14 7	1 36 84 78	182	5 71 8	2 60 15 53
33	1 03 7	8 55 30	83	2 60 8	54 10 61	133	4 17 8	1 38 92 91	183	5 74 9	2 63 02 20
34	1 06 8	9 07 92	84	2 63 9	55 41 77	134	4 21 0	1 41 02 61	184	5 78 1	2 65 90 44
35	1 10 0	9 62 11	85	2 67 0	56 74 50	135	4 24 1	1 43 13 88	185	5 81 2	2 68 80 25
36	1 13 1	10 17 88	86	2 70 2	58 08 80	136	4 27 3	1 45 26 73	186	5 84 3	2 71 71 64
37	1 16 2	10 75 21	87	2 73 3	59 44 68	137	4 30 4	1 47 41 14	187	5 87 5	2 74 64 59
38	1 19 4	11 34 11	88	2 76 5	60 82 12	138	4 33 5	1 49 57 12	188	5 90 6	2 77 59 12
39	1 22 5	11 94 59	89	2 79 6	62 21 14	139	4 36 7	1 51 74 68	189	5 93 8	2 80 55 21
40	1 25 7	12 56 64	90	2 82 7	63 61 72	140	4 39 8	1 53 93 81	190	5 96 9	2 83 52 86
41	1 28 8	13 20 25	91	2 85 9	65 03 88	141	4 43 0	1 56 14 50	191	6 00 0	2 86 52 11
42	1 31 9	13 85 44	92	2 89 0	66 47 61	142	4 46 1	1 58 36 77	192	6 03 2	2 89 52 92
43	1 35 1	14 52 20	93	2 92 2	67 92 91	143	4 49 2	1 60 60 61	193	6 06 3	2 92 55 30
44	1 38 2	15 20 53	94	2 95 3	69 39 78	144	4 52 4	1 62 86 02	194	6 09 5	2 95 59 25
45	1 41 4	15 90 43	95	2 98 5	70 88 22	145	4 55 5	1 65 13 00	195	6 12 6	2 98 64 77
46	1 44 5	16 61 90	96	3 01 6	72 38 23	146	4 58 7	1 67 41 55	196	6 15 8	3 01 71 86
47	1 47 7	17 34 94	97	3 04 7	73 89 81	147	4 61 8	1 69 71 67	197	6 18 9	3 04 80 52
48	1 50 8	18 09 56	98	3 07 9	75 42 96	148	4 65 0	1 72 03 36	198	6 22 0	3 07 90 75
49	1 53 9	18 85 74	99	3 11 0	76 97 69	149	4 68 1	1 74 36 63	199	6 25 2	3 11 02 56
50	1 57 1	19 63 49	100	3 14 2	78 53 98	150	4 71 2	1 76 71 46	200	6 28 3	3 14 15 93

CONSIDÉRATIONS GÉNÉRALES

SUR LA

Résistance des Pièces à la flexion transversale.

—

Quand une pièce, primitivement droite, posée à ses extrémités sur deux appuis, est soumise à l'action de forces extérieures qui tendent à la faire fléchir dans des limites ne dépassant pas l'élasticité propre à sa nature, il arrive que les fibres de sa partie supérieure se compriment et que celles de sa partie inférieure s'étendent ; la partie milieu, ou *plan des fibres neutres*, demeure invariable. Il résulte de ceci : que les parties de la pièce les plus fatiguées sont celles qui sont le plus éloignées de cette partie intermédiaire. Il y a donc intérêt, dans les solides qui doivent résister à la flexion, à accumuler la matière en haut et en bas du profil ; de là le rectangle évidé en forme de **I**.

Pour bien comprendre l'influence de cette forme au point de vue de l'emploi économique du métal, il suffit de comparer un fer carré et un fer à **I** de même résistance, par exemple, un fer carré de 61 millimètres et un fer à **I** de 120 (n° 3, tableau n° 1 ci-après).

Le fer carré pèse 28 k. 98 le mètre.

Le fer **I**   »   11 k.   »

On voit que la différence de poids est dans la proportion de 11 à 28,98, ou de 1 à 2,63.

La résistance d'une pièce à la flexion est en raison :

1° De sa hauteur (voir le tableau n° 16) ;

2° De la largeur et de l'épaisseur de la masse de matière accumulée aux parties haute et basse du profil ; de là les fers **I** dits à larges ailes.

L'épaisseur de l'**âme** ne donne que peu de résistance relativement aux ailes ; les fers **I**, dits *maximum*, c'est-à-dire à âme épaisse, sont donc dans de mauvaises conditions au point de vue économique.

La nervure milieu des fers à ⊥ n'ajoute à ces fers qu'une partie insignifiante de résistance ; ils doivent donc être absolument rejetés, économiquement parlant.

Dans les limites où l'élasticité du fer n'est pas altérée, l'extension peut être considérée comme égale à la compression ; il n'y a donc aucun avantage à employer des fers à **I** à ailes inégales, soit comme largeur, soit comme épaisseur ; la même observation s'applique naturellement aux poutres composées en tôle et cornières, pour lesquelles on devra toujours adopter un profil symétrique, c'est-à-dire des cornières et des semelles de mêmes dimensions.

RÉSISTANCE DES FERS A I

TABLEAU N° I — FERS I ORDINAIRES

Pour trouver : 1° la résistance d'un fer à I d'une portée quelconque (voir la règle n° 1 ci-après). — 2° Un fer à I capable d'une résistance donnée pour une portée dans œuvre quelconque (voir la règle n° 2).

NUMÉROS	SECTION DES FERS (en millimètres)	POIDS du MÈTRE	VALEUR de $\frac{I}{n}$	VALEURS de R	CHARGES uniformément réparties pour une portée de 1m00 entre points d'appui
		kil.		kil.	kil.
1	80 — 4 — 17 — 6 6	6.25	0.0000198	6 8 10	950 1267 1584
2	100 — 5 — 13 — 6 6	9.00	0.0000285	6 8 10	1368 1824 2280
3	120 — 5 — 15 — 6 6	11.00	0.0000380	6 8 10	1824 2432 3041
4	140 — 6 — 17 — 7 7	14.00	0.0000559	6 8 10	2683 3577 4472
5	160 — 8 — 18 — 7 7	15.00	0.0000751	6 8 10	3604 4806 6008

TABLEAU N° 1 — (Suite)

NUMÉROS	SECTION DES FERS (en millimètres)	POIDS du MÈTRE	VALEUR de $\frac{I}{n}$	VALEURS de R	CHARGES uniformément réparties pour une portée de 1m00 entre points d'appui
		kil.		kil.	kil.
6	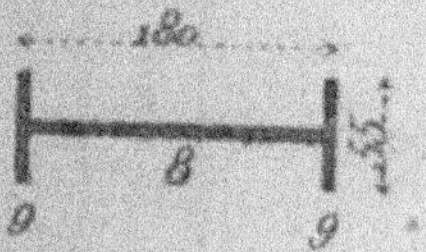	20.00	00001108	6 8 10	5750 7667 9584
7	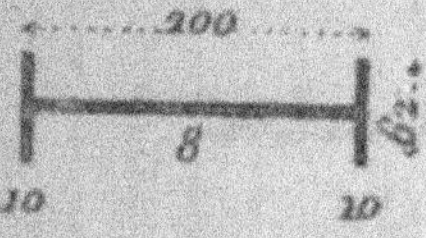	22.00	0.0001557	6 8 10	7473 9964 12456
8	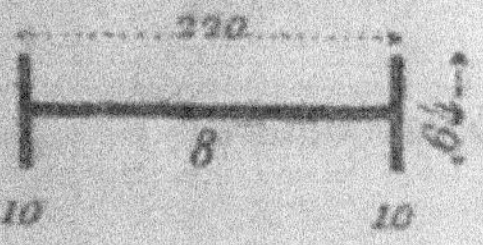	25.00	0.0001769	6 8 10	8494 11321 14152
9	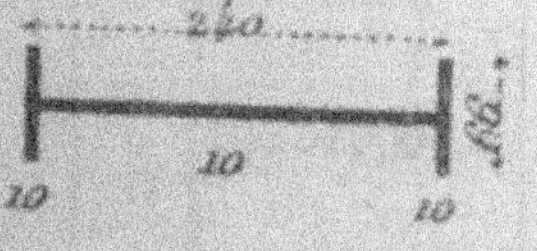	28.50	0.0002150	6 8 10	10320 13760 17200
	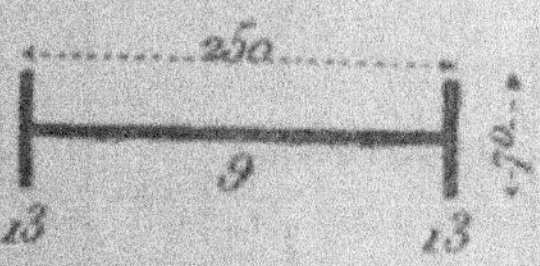	31.00	0.0002720	6 8 10	13056 17408 21760
11	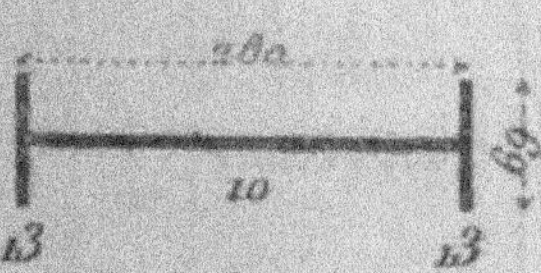	31.00	0.0002823	6 8 10	13548 18064 22580

TABLEAU N° 2 — FERS I A LARGES AILES

NUMÉROS	SECTION DES FERS (en millimètres)	POIDS du MÈTRE	VALEUR de $\frac{I}{n}$	VALEURS de R	CHARGES uniformément réparties pour une portée de 1m00 entre points d'appui
		kil.		kil.	kil.
12	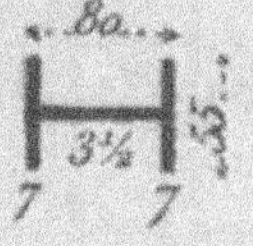	7.50	0.000027821	6 8 10	1356 1781 2226
13	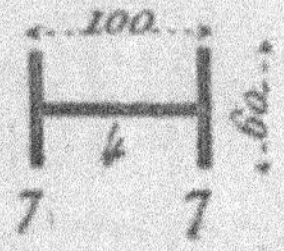	10.00	0.000040604	6 8 10	1948 2598 3248
14	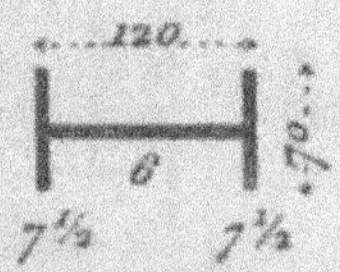	15.00	0,000065097	6 8 10	3424 4166 5207
15	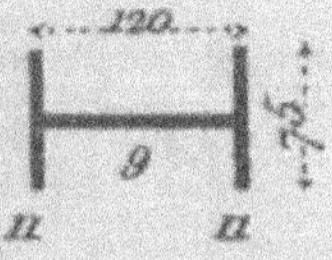	20.00	0.000090445	6 8 10	4349 5788 7236
16	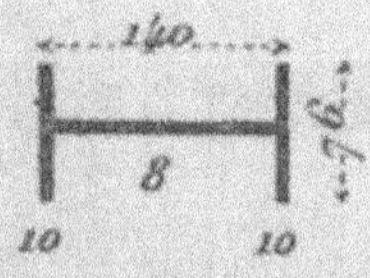	21.00	0.000108381	6 8 10	5202 6936 8670
17	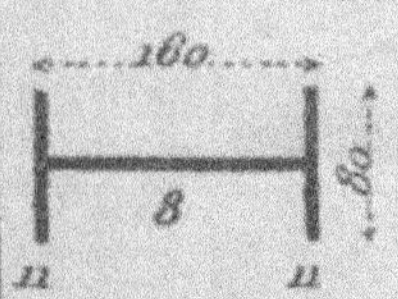	22.00	0.000144227	6 8 10	6922 9230 11538

TABLEAU N° 2 — (Suite)

NUMÉROS	SECTION DES FERS (en millimètres)	POIDS du MÈTRE	VALEUR de $\frac{I}{n}$	VALEURS de R	CHARGES uniformément réparties pour une portée de 1m00 entre points d'appui
		kil.		kil.	kil.
18	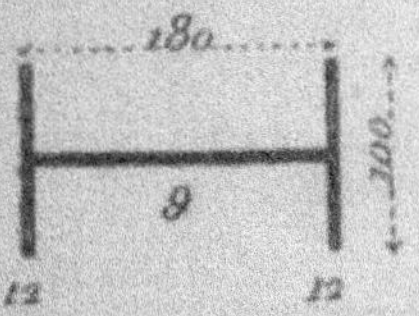	31.00	0.000220117	6 8 10	10365 14087 17609
19	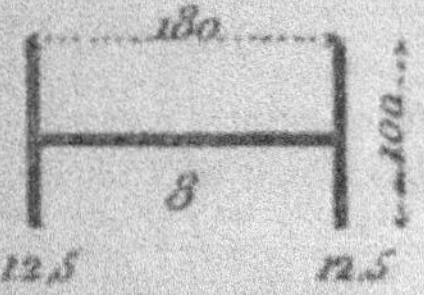	29.00	0.000222866	6 8 10	10698 14264 17830
20	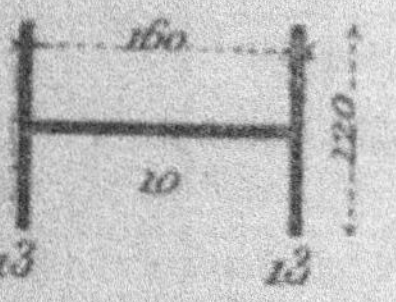	34.50	0.000241508	6 8 10	11592 13456 19321
21	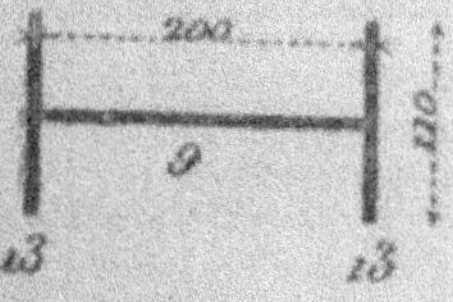	33.00	0.000289940	6 8 10	13917 18536 23195
22	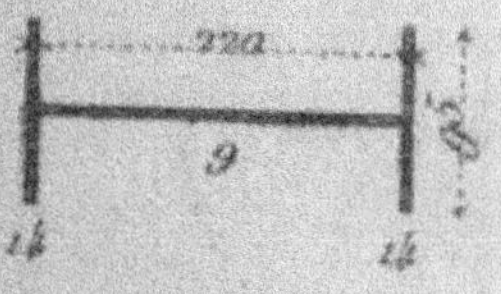	33.60	0.000306498	6 8 10	14712 19616 24520
23	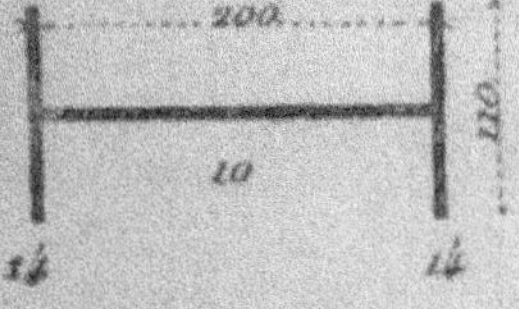	38.00	0.000309300	6 8 10	14846 19795 24744

TABLEAU N° 2 — (Suite)

NUMÉROS	SECTION DES FERS (en millimètres)	POIDS du MÈTRE	VALEUR de $\frac{1}{n}$	VALEURS de R	CHARGES uniformément réparties pour une portée de 1m00 entre points d'appui
		kil.		kil.	kil.
24	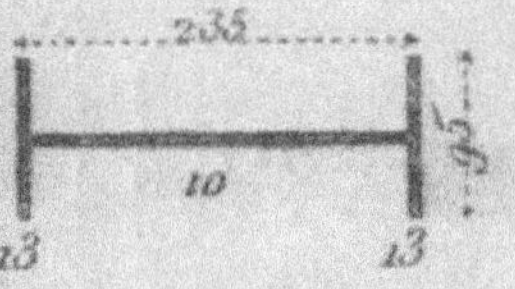 235 — 10 — 13 · 13	35.00	0.000324046	6 8 10	15552 20736 25920
25	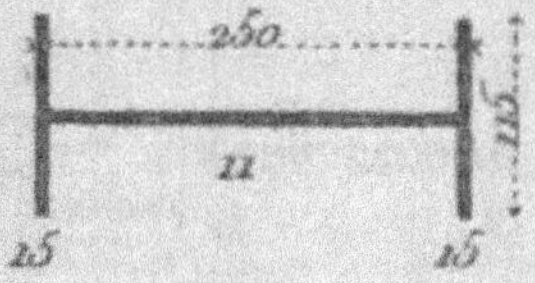 250 — 11 — 15 · 15	45.00	0.000459650	6 8 10	22063 29417 36772
26	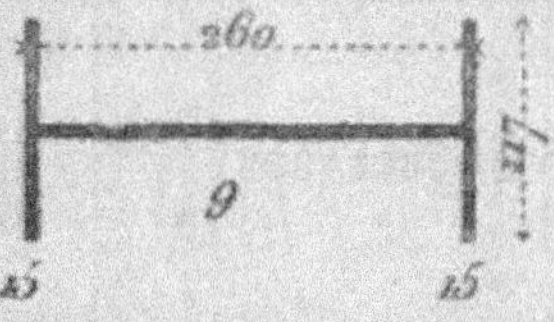 260 — 9 — 15 · 15	43.00	0.000475870	6 8 10	22842 30456 38070
27	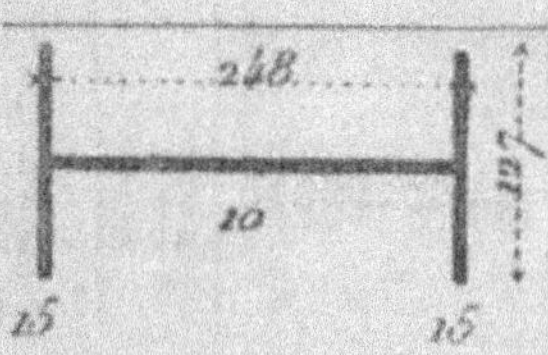 248 — 10 — 15 · 15	46.00	0.000487220	6 8 10	23386 31182 38978
28	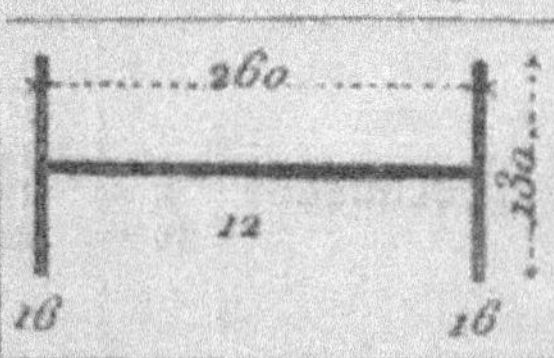 260 — 12 — 16 · 16	52.00	0.000568140	6 8 10	27271 36361 43451
29	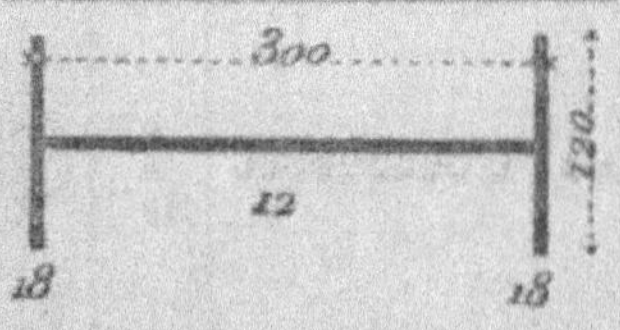 300 — 12 — 18 · 18	65.00	0.000696015	6 8 10	33408 44544 55680

TABLEAU N° 2 — (Suite)

NUMÉROS	SECTION DES FERS (en millimètres)	POIDS du MÈTRE	VALEUR de $\frac{\mathrm{I}}{\mathrm{n}}$	VALEURS de R	CHARGES uniformément réparties pour une portée de 1m(6) entre points d'appui
		kil.		kil.	kil.
30	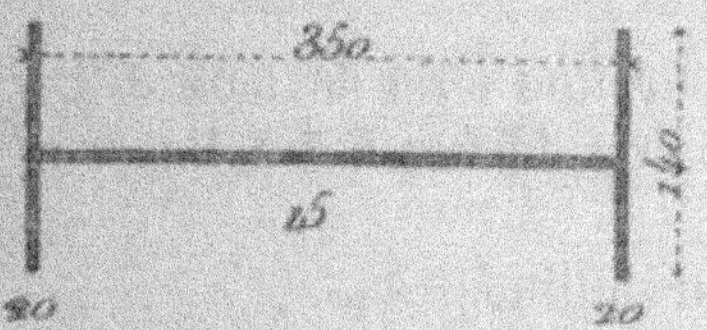	80.00	0.001085050	6 8 10	52082 69443 86804
31	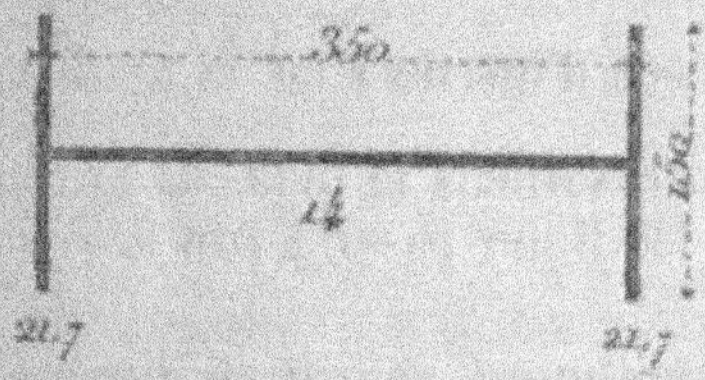	84.25	0.001196000	6 8 10	57408 76544 95680
32	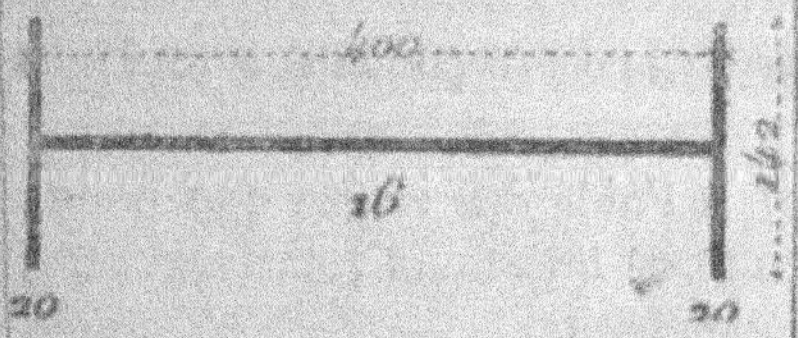	90.00	0.001363000	6 8 10	65412 87217 109022

RÉSISTANCE DES FERS A I

—

DESCRIPTION ET USAGE DES TABLEAUX 1 ET 2

Calcul des planchers.

—

Les tableaux 1 et 2 donnent, pour une série de fers à I dits ordinaires (tableau n° 1), et une série de fers à I à larges ailes (tableau n° 2) :

1° La section de ces fers cotée en millimètres ;

2° Le poids de chaque échantillon au mètre courant ;

3° La valeur $\dfrac{I}{n}$ rapport du moment d'inertie I de la section.

à la distance entre les fibres qui travaillent le plus et la ligne des fibres invariables (c'est-à-dire la ligne passant par le centre de gravité du profil) ;

4° Les valeurs de R, ou effort maximum auquel on soumet le métal (1).

5° La charge uniformément répartie correspondant à une portée de 1^m00 entre points d'appui.

Cette dernière colonne permet, à l'aide des règles que nous allons exposer, de résoudre toutes les questions relatives à l'établissement des poitrails et des planchers.

---

(1) *Observations sur les valeurs de R.* — On doit employer R = 6 (c'est-à-dire le fer travaillant à 6 k. par millimètre carré de section transversale) dans le calcul des poitrails supportant les murs de constructions, des planchers destinés à supporter à l'état permanent des charges considérables (planchers de magasins), — des sommiers ou des planchers sujets à des vibrations (dans les travaux métalliques exécutés sous la direction des ponts-et-chaussées, les cahiers des charges n'admettent pas un coefficient plus élevé que 6 kil.).

On prendra R = 8 kil. pour les fers d'une portée dans œuvre un peu grande, surtout quand les pièces auxquelles ces fers sont destinés devront recevoir, à un moment donné, des charges considérables (grands salons et salles de réunion).

Enfin, on pourra employer le coefficient 10 kil. pour les planchers d'une construction ordinaire dont les pièces ont de petites portées.

Les tableaux 1 et 2 ont pour base le principe suivant : *la ré-sistance d'un solide soumis à un effort de flexion est inversement proportionnelle à sa portée dans œuvre* ; c'est-à-dire que, si un solide quelconque, un fer à **I** dans l'espèce, porte 10000 kilo-grammes sur une portée de 1ᵐ00 dans œuvre.

Sur 2ᵐ00 il portera la moitié de 10000, soit 5000 kᵒˢ.

Sur 5ᵐ00 il portera le cinquième de 10000, soit 2000 kᵒˢ.

Sur 10ᵐ00 il portera le dixième de 10000, soit 1000 kᵒˢ.

De ce principe on tire les deux règles suivantes :

Règle première.

*Pour trouver la charge uniformément répartie que peut porter un fer à **I** d'une portée dans œuvre quelconque, il faut : diviser la charge correspondant à la portée dans œuvre de 1ᵐ00, inscrite aux tableaux par la longueur de portée* ; de là la formule :

$$P = \frac{P_1}{L}$$

Dans laquelle P_1 représente la charge à 1ᵐ00 de portée, inscrite dans les tableaux 1 et 2 ;

—   L la longueur de la portée ;

—   P la charge cherchée.

Premier exemple.

Quelle est la charge uniformément répartie (P) que pourra porter un fer de 180 ordinaire (à 20 kil. le mètre), le fer travaillant à 10 kil. sur une longueur (L) de 5ᵐ. dans œuvre ?

Nous trouvons dans le tableau nº 1, au fer **I** de 180 (ordi-naire), en face de 10, 9584, valeur de P_1.

Remplaçant les lettres par leur valeur, la formule ci-dessus devient :

$$P = \frac{9584}{5} = 1917 \text{ kil.,}$$ charge répartie portée par le fer **I** de 18 ordinaire à 5ᵐ de portée.

Deuxième exemple.

*On demande quelle charge pourra porter un poitrail composé de deux barres **I** de 22 ordinaire (à 25 kil.), de 3ᵐ de portée dans œu-vre, le fer travaillant à 6 kil. ?*

Le tableau n° 1 donne pour la charge portée par le fer de 22 à 1^{m}00, et pour R $=$ 6 kil., 8491 kil. : nous avons deux barres, c'est-à-dire :

2 fois 8491 ou 16982,

qui, divisé par 3^m, $\dfrac{16982}{3} =$ 5660 kil., charge que pourra porter le poitrail.

Réciproquement :

Règle deuxième.

Pour trouver le fer **I** *qui pourra porter une charge uniformément répartie* (P) *sur une longueur de portée dans œuvre* (L) *donnée : on multipliera la charge par la longueur,*

$$P \times L = P_1$$

et on cherchera le produit P_1 *(charge correspondant à la portée dans œuvre de* 1^{m}00) *dans les tableaux 1 et 2, en prenant l'un des trois nombres, 6, 8 ou 10, suivant qu'on voudra faire travailler le fer à 6, 8 ou 10 kil. par millimètre carré.*

Premier exemple.

On demande le fer qui, travaillant à 8 kil. peut porter à 7^m 2800 kilogrammes?

On posera d'après la règle ;

$$2800 \times 7 = 19600$$

Cherchant ce produit 19600 dans les deux tableaux 1 et 2, et dans les nombres correspondant à R $=$ 8 kil., on trouve (tableau n° 2) le nombre 19616 (approché par excès) qui indique que le fer **I** larges ailes de 220 (à 33 kil. 60 le mètre) répond à la question.

Observation. — Lorsque le produit ne se trouvera pas exactement dans les tableaux, on prendra le nombre qui s'en rapproche le plus, soit en moins si l'on veut économiser la matière, soit en plus si l'on tient à un excès de sécurité.

Deuxième exemple.

Quel est le fer **I** *travaillant à 6 kil., qu'on devra employer pour un poitrail qui, composé de deux barres, devra porter à* 2^{m}50 *un poids uniformément réparti de 8200 kil. ?*

Chaque barre devra porter $\dfrac{8200}{2} =$ 4100 kil.

Multiplions 4100 kil. par 2,50, on trouve 10250.

Cherchons dans les tableaux 1 et 2 le nombre correspondant à R = 6 kil. qui se rapproche le plus de 10250, nous trouvons (tableau n° 1) 10320, ce qui nous indique que le fer **I** de 240 (à 28 kil. 50 le mètre), devra être employé pour ce poitrail.

ÉTUDE DES PLANCHERS

Pour éviter tous calculs, on applique généralement à la recherche de la dimension des fers d'un plancher la règle suivante : *La hauteur d'un fer **I** doit être égale au produit de la portée dans œuvre multipliée par 3 divisé par 100* ($H = \dfrac{L \times 3}{100}$), c'est-à-dire que, pour 4^m de portée, on aura :

$$H = \frac{4 \times 3}{100} = 0{,}12,\ \text{soit du fer à } \mathbf{I} \text{ de } 120.$$

Pour 6^m :

$$H = \frac{6 \times 3}{100} = 0{,}18,\ \text{soit du fer à } \mathbf{I} \text{ de } 180.$$

Cette règle empirique a le défaut de n'indiquer ni l'écartement à donner aux solives, ni la charge qu'elles porteront, non plus que le coefficient de résistance auquel travaillera le fer ; nous croyons que l'emploi judicieux du métal exige une autre manière de procéder ; les règles pratiques, ainsi que les tableaux que nous donnons ci-après, permettront de calculer facilement les planchers, en raison de la charge qu'ils doivent supporter, de façon à ne laisser aucun doute sur leur stabilité.

ÉCARTEMENT DES SOLIVES (d'axe en axe)
SUIVANT LE POIDS PAR MÈTRE SUPERFICIEL QUE DOIVENT PORTER LES PLANCHERS ET LA PORTÉE DANS ŒUVRE

Pour trouver l'écartement des solives, il faut diviser la charge à 1^m00, prise dans les tableaux 1 et 2, par le produit du poids à porter par mètre superficiel multiplié par le carré de la portée dans œuvre, soit la formule :

$$\text{Écartement } E = \frac{P_1}{P_{m^2} \times L^2} \quad \text{dans laquelle :}$$

P_1 représente, comme précédemment, la charge sur la portée type de 1^m00 à prendre dans les tableaux 1 et 2 ;

P_{m^2} la charge par mètre superficiel que doit porter le plancher ;

L^2 le carré de la portée dans œuvre.

Exemple.

Quel sera l'écartement des solives en fer à I de 18 (à 20 kil. le mètre) destinées à un plancher de 5^m00 de portée devant porter (charge morte et surcharge) 500 kil. par mètre superficiel, le fer travaillant à 10 kil.?

Les données sont celles-ci :

P_1 = 9584 kil. (tableau nº 1, I 18 pour R = 10).

P_{m^2} = 500 kil.

L = 5^m, d'où L^2 = 25^m.

Remplaçons les lettres par leur valeur dans la formule ci-dessus, on aura :

$$E = \frac{9584}{500 \times 5^2}$$

Effectuant : $E = \dfrac{9584}{500 \times 25} = \dfrac{9584}{12500} = 0^m767$, écartement demandé.

— Pour trouver le poids par mètre superficiel que peut porter un plancher en fers à I d'un échantillon donné, connaissant l'écartement des solives, il faut diviser la charge à 1^m00 prise dans les tableaux 1 et 2 par le produit du carré de la portée multiplié par l'écartement des solives, d'où la formule :

$$P_{m^2} = \frac{P_1}{L^2 \times E}$$ en conservant aux lettres les mêmes significations que précédemment.

Exemple.

Quelle est la charge uniformément répartie que peut porter un plancher ayant 7^m00 de portée dans œuvre, lequel est composé de solives I de 260 (pesant 31 kil. le mètre) écartées d'axe en axe de 0,60, le fer devant travailler à 10 kil.?

Les données sont celles-ci : L = $7^m,00$, d'où L^2 = 49^m.

$$P_1 = 22580 \text{ (1)}.$$
$$E = 0^m60$$

---

(1) Voir tableau nº 1, I 26, pour R = 10 kil.

Remplaçant dans la formule les lettres par leur valeur, il vient:

Charge par mètre superficiel : $P_{m^2} = \dfrac{22580}{49^m \times 0,60} = 588$ kil.,

on pourra donc charger ce plancher à raison de 588 kil. par mètre carré.

— On peut, enfin, se proposer de trouver *quel sera le fer à employer pour composer un plancher destiné à supporter une charge donnée par mètre superficiel, les solives devant avoir un écartement déterminé* (ce cas se présente notamment quand les planchers sont hourdés en briques, la dimension de ces dernières réglant l'écartement à donner aux solives ; ce cas se rencontre encore dans l'établissement de planchers dans lesquels on veut ménager des jours réguliers et de largeurs fixes ; ou encore, dans certains planchers portant des casiers ou des appareils qui doivent reposer à plomb des fers.)

— *Pour trouver le fer à* **I** *devant composer un plancher destiné à supporter un poids donné par mètre superficiel, l'écartement des solives étant également donné, il faut multiplier la charge au mètre carré que doit porter le plancher par le carré de la portée, puis le produit par l'écartement des solives, et chercher dans les tableaux 1 et 2 le nombre se rapprochant le plus de ce dernier produit, en regard se trouve le fer demandé* ; de là la formule :

$$P_f = P_{m^2} \times L^2 \times E.$$

EXEMPLE: *Un plancher ayant* 4^m *de portée dans œuvre doit recevoir une charge de 400 kil. par mètre superficiel ; les solives doivent être écartées de* 0^m55 *d'axe en axe, on veut savoir quel fer* **I**, *travaillant à 8 kil., on devra employer ?*

Les données sont celles-ci : $L = 4^m$, d'où $L^2 = 16^m$.
$$P_{m^2} = 400 \text{ kil.}$$
$$E = 0,55.$$

Remplaçant dans la formule les lettres par leur valeur, on a :
$$P_f = 400 \times 16^m \times 0,55 = 3520 \text{ kil.}$$

Cherchant dans les tableaux, nous trouvons le nombre approché 3577 (tableau n° 1, R = 8 kil.) correspondant au fer **I** de 14 (pesant 14 kil. le mètre), qui est l'échantillon qu'on pourra employer.

Bien que les règles pratiques que nous venons de donner soient extrêmement faciles à appliquer, nous croyons utile de les faire suivre d'une série de tableaux donnant, pour les planchers composés de fers à I ordinaires, employés le plus fréquemment, les écartements des solives pour des portées dans œuvre variant de 0^m25 en 0^m25, calculés pour des charges au mètre superficiel variant de 50 en 50 kil., depuis 300 jusqu'à 600 kil. (pour les portées, ainsi que pour les poids intermédiaires, il sera toujours facile d'établir une moyenne proportionnelle aux résultats inscrits dans les tableaux).

Nous avons ajouté aussi deux tableaux donnant les charges sur les poitrails composés de 2 et 3 fers I ordinaires.

TABLEAU N° 3

PLANCHERS composés de fers à I de 0^m080 pesant 6 k^{os} 25 le mètre courant

PORTÉES dans ŒUVRE	VALEURS DE R	CHARGES uniformément réparties sur chaque solive	Écartement des solives (d'axe en axe) pour les planchers devant porter (charge morte et charge accidentelle) par mètre carré (1) :						
			300 k^{os}	350 k^{os}	400 k^{os}	450 k^{os}	500 k^{os}	550 k^{os}	600 k^{os}
m 2.00	6 k	475 k	0^m79	0^m68	0^m59	0^m53	0^m47	0^m43	0^m40
	8	634	1.06	0.90	0.79	0.70	0.63	0.58	0.53
	10	792	1.32	1.13	0.99	0.88	0.79	0.72	0.66
2.25	6	422	0.64	0.53	0.46	0.42	0.38	0.34	0.31
	8	563	0.85	0.71	0.62	0.56	0.50	0.45	0.42
	10	704	1.04	0.89	0.78	0.70	0.63	0.57	0.52
2.50	6	380	0.54	0.43	0.38	0.34	0.31	0.28	0.26
	8	507	0.69	0.58	0.50	0.45	0.42	0.37	0.34
	10	634	0.85	0.72	0.63	0.56	0.52	0.46	0.43
2.75	6	345	0.42	0.36	0.31	0.26	0.25	0.23	»
	8	461	0.56	0.48	0.42	0.34	0.33	0.30	»
	10	577	0.70	0.60	0.54	»	»	»	»

(1) Voici, d'après M. le général Morin (*Résistance des matériaux. T. II, P. 77*) et d'après MM. Joly et Joly fils (*Études pratiques sur la construction des planchers et poutres en fer*), les charges pour lesquelles on devra calculer les planchers en raison de leur destination.

DÉSIGNATION DES BATIMENTS et DES PIÈCES	D'après M. le général Morin			D'après MM. Joly et Joly fils		
	Charge morte	Sur-charge	Charge totale	Charge morte	Sur-charge	Charge totale
	K^{os}	K^{os}	K^{os}	K^{os}	K^{os}	K^{os}
Bâtiments ordinaires.						
Chambres à coucher, pièces de combles, cabinets.	150	100	250	275	75	350
Salons ordinaires. — Pièces de réceptions	150	200	350	300	100	400
Grands salons, grandes pièces de réception.	150	300	450	320	100	450
Boutiques ou Magasins						
Destinés à des marchandises encombrantes et de peu de poids (*).	»	»	»	320	130	450
Edifices publics.						
Bureaux. Salles ordinaires.	150	200	350	275	175	450
Salles de réunion, d'assemblée.	180	320	500	300	200	500
Grands salons, grandes salles de réunion	180	420	600	320	280	600

(*) Quant aux Magasins, Docks, etc., destinés à recevoir des marchandises d'un grand poids, on devra calculer les planchers d'après ce poids.

TABLEAU N° 4

PLANCHERS composés de fers à I de 0ᵐ100 pesant 9 k°⁸ le mètre courant

PORTÉES dans œuvre	VALEURS DE R	CHARGES uniformément réparties sur chaque solive	Écartement des solives (d'axe en axe) pour les planchers devant porter (charge morte et charge accidentelle) par mètre carré :						
			300 k°⁸	350 k°⁸	400 k°⁸	450 k°⁸	500 k°⁸	550 k°⁸	600 k°⁸
m	k	k	m	m	m	m	m	m	m
2.00	6	684	»	0.98	0.85	0.76	0.68	0.61	0.57
	8	912	»	»	»	1.01	0.91	0.82	0.76
	10	1140	»	»	»	»	»	1.03	0.95
2.25	6	608	1.01	0.86	0.76	0.60	0.54	0.49	0.44
	8	810	»	»	1.01	0.80	0.72	0.66	0.58
	10	1013	»	»	»	1.00	0.90	0.82	0.73
2.50	6	547	0.73	0.62	0.55	0.49	0.44	0.40	0.37
	8	730	0.98	0.83	0.73	0.66	0.58	0.53	0.49
	10	912	»	1.04	0.91	0.82	0.73	0.66	0.61
2.75	6	497	0.60	0.51	0.45	0.40	0.36	0.33	0.30
	8	663	0.80	0.68	0.60	0.54	0.48	0.44	0.40
	10	829	1.00	0.85	0.75	0.67	0.60	0.55	0.50
3.00	6	456	0.50	0.43	0.38	0.34	0.31	0.28	0.25
	8	608	0.67	0.58	0.50	0.46	0.41	0.37	0.34
	10	760	0.84	0.72	0.63	0.57	0.51	0.46	0.42
3.25	6	421	0.43	0.37	0.32	0.29	0.26	0.23	0.22
	8	562	0.58	0.49	0.43	0.38	0.34	0.31	0.29
	10	703	0.73	0.61	0.54	0.47	0.42	0.39	0.36
3.50	6	391	0.37	0.32	0.28	0.25	»	»	»
	8	521	0.50	0.42	0.37	0.33	»	»	»
	10	651	0.63	»	»	»	»	»	»

TABLEAU N° 5

PLANCHERS composés de fer à I de 0ᵐ120
pesant 11 kᵒˢ le mètre courant

PORTÉES dans œuvre	VALEURS DE R	CHARGES uniformément réparties sur chaque solive	Écartement des solives (d'axe en axe) pour des planchers devant porter (charge morte et charge accidentelle) par mètre carré :						
m	k	k	300 kᵒˢ	350 kᵒˢ	400 kᵒˢ	450 kᵒˢ	500 kᵒˢ	550 kᵒˢ	600 kᵒˢ
			m	m	m	m	m	m	m
2.50	6	730	0.97	0.83	0.73	0.64	0.58	0.53	0.49
	8	973	»	»	0.97	0.86	0.78	0.70	0.63
	10	1216	»	»	»	»	0.97	0.88	0.81
2.75	6	664	0.80	0.69	0.60	0.53	0.48	0.44	0.40
	8	885	»	0.92	0.80	0.71	0.64	0.58	0.54
	10	1106	»	»	1.00	0.89	0.80	0.73	0.67
3 »	6	608	0.68	0.58	0.50	0.45	0.41	0.37	0.34
	8	811	0.90	0.78	0.67	0.60	0.54	0.49	0.43
	10	1014	»	0.97	0.84	0.75	0.68	0.61	0.56
3.25	6	562	0.58	0.49	0.43	0.38	0.35	0.31	0.29
	8	749	0.77	0.66	0.58	0.51	0.46	0.42	0.38
	10	936	0.96	0.82	0.72	0.64	0.58	0.52	0.48
3.50	6	521	0.50	0.43	0.37	0.33	0.30	0.27	0.25
	8	695	0.66	0.57	0.50	0.44	0.40	0.36	0.33
	10	869	0.83	0.74	0.62	0.55	0.50	0.45	0.41
3.75	6	487	0.43	0.37	0.32	0.29	0.26	0.23	»
	8	649	0.58	0.49	0.43	0.38	0.34	0.31	0.29
	10	811	0.73	0.61	0.54	0.48	0.43	0.39	0.36
4 »	6	456	0.38	0.32	0.28	0.25	»	»	»
	8	608	0.50	0.43	0.38	0.34	0.30	0.28	0.26
	10	760	0.62	0.54	0.47	0.42	0.38	0.35	0.32
4.25	6	428	0.34	0.29	0.25	»	»	»	»
	8	572	0.43	0.38	0.34	0.30	»	»	»
	10	715	»	»	»	»	»	»	»

TABLEAU N° 6

PLANCHERS composés de fers à I de 0ᵐ140 pesant 14 kᵒˢ le mètre

PORTÉES dans ŒUVRE	VALEURS DE e	CHARGES uniformément réparties sur chaque solive	Écartement des solives (d'axe en axe) pour des planchers devant porter (charge morte et charge accidentelle) par mètre carré :						
			300 kᵒˢ	350 kᵒˢ	400 kᵒˢ	450 kᵒˢ	500 kᵒˢ	550 kᵒˢ	600 kᵒˢ
m	k	k	m	m	m	m	m	m	m
2.75	6	976	»	1.01	0.89	0.79	0.71	0.64	0.59
	8	1301	»	»	»	»	0.94	0.86	0.79
	10	1626	»	»	»	»	»	»	0.99
3 »	6	896	»	0.85	0.74	0.66	0.60	0.54	0.50
	8	1193	»	»	0.99	0.88	0.80	0.72	0.66
	10	1491	»	»	»	»	1.00	0.90	0.83
3.25	6	827	0.85	0.73	0.64	0.56	0.51	0.46	0.43
	8	1101	»	0.97	0.85	0.75	0.68	0.62	0.57
	10	1376	»	»	»	0.94	0.85	0.77	0.71
3.50	6	767	0.73	0.62	0.53	0.49	0.44	0.40	0.37
	8	1022	0.98	0.83	0.73	0.65	0.58	0.53	0.49
	10	1278	»	1.04	0.91	0.81	0.73	0.66	0.61
3.75	6	715	0.64	0.54	0.48	0.43	0.38	0.35	0.32
	8	954	0.85	0.72	0.64	0.57	0.51	0.46	0.43
	10	1192	»	0.90	0.80	0.71	0.64	0.58	0.53
4 »	6	671	0.56	0.48	0.42	0.37	0.34	0.31	0.28
	8	894	0.74	0.64	0.56	0.50	0.45	0.41	0.38
	10	1118	0.93	0.80	0.70	0.62	0.56	0.51	0.47
4.25	6	631	0.50	0.42	0.37	0.33	0.29	0.27	0.25
	8	842	0.66	0.56	0.50	0.44	0.39	0.36	0.33
	10	1052	0.83	0.70	0.62	0.55	0.49	0.45	0.41
4.50	6	596	0.44	0.38	0.33	0.29	0.26	0.24	0.22
	8	795	0.59	0.50	0.44	0.39	0.35	0.32	0.30
	10	994	0.74	0.63	0.55	0.49	0.44	0.40	0.37
4.75	6	565	0.40	0.34	0.29	0.25	»	»	»
	8	753	0.53	0.46	0.39	0.34	0.32	0.29	0.26
	10	941	0.66	0.58	»	»	»	»	»

TABLEAU N° 7

PLANCHERS composés de fers à I de 0ᵐ160 pesant 15 kᵒˢ le mètre

PORTÉES dans œuvre	VALEURS DE R	CHARGES uniformément réparties sur chaque solive	Écartement des solives (d'axe en axe) pour des planchers devant porter (charge morte et charge accidentelle) par mètre carré :						
m	k	k	300 kᵒˢ	350 kᵒˢ	400 kᵒˢ	450 kᵒˢ	500 kᵒˢ	550 kᵒˢ	600 kᵒˢ
3.50	6	1030	0.98	0.84	0.74	0.65	0.59	0.53	0.49
	8	1374	»	»	0.98	0.87	0.78	0.71	0.66
	10	1717	»	»	»	»	0.98	0.89	0.82
3.75	6	801	0.85	0.73	0.64	0.57	0.51	0.47	0.43
	8	1282	»	0.98	0.86	0.76	0.68	0.62	0.57
	10	1602	»	»	»	0.95	0.85	0.78	0.71
4 »	6	901	0.75	0.64	0.56	0.50	0.45	0.41	0.38
	8	1202	1.00	0.86	0.75	0.66	0.60	0.54	0.50
	10	1502	»	»	0.94	0.83	0.75	0.68	0.63
4.25	6	848	0.67	0.57	0.50	0.44	0.40	0.36	0.33
	8	1131	0.89	0.76	0.66	0.59	0.54	0.48	0.44
	10	1414	»	0.95	0.83	0.74	0.67	0.60	0.55
4.50	6	801	0.59	0.51	0.44	0.40	0.35	0.32	0.29
	8	1068	0.79	0.68	0.59	0.53	0.47	0.43	0.39
	10	1335	0.99	0.85	0.74	0.66	0.59	0.54	0.49
4.75	6	759	0.53	0.45	0.40	0.35	0.32	0.29	0.26
	8	1012	0.71	0.60	0.53	0.47	0.42	0.38	0.35
	10	1265	0.89	0.75	0.66	0.59	0.53	0.48	0.44
5 »	6	721	0.48	0.41	0.36	0.32	0.29	0.26	0.24
	8	962	0.64	0.54	0.48	0.42	0.38	0.35	0.32
	10	1202	0.80	0.67	0.60	0.52	»	»	»
5.25	6	686	0.44	0.37	0.32	0.29	0.26	»	»
	8	915	0.58	0.50	0.43	0.38	0.35	»	»
	10	1144	0.72	0.63	»	»	»	»	»
5.50	6	655	0.40	0.35	0.30	0.26	0.24	»	»
	8	874	0.53	0.46	0.40	0.35	0.32	»	»
	10	1092	»	»	»	»	»	»	»

TABLEAU N° 8

PLANCHERS composés de fers à I de 0ᵐ180 pesant 20 kᵒˢ le mètre

PORTÉES dans œuvre	VALEURS DE R	CHARGES uniformément réparties sur chaque solive	Écartement des solives (d'axe en axe) pour les planchers devant porter (charge morte et charge accidentelle) par mètre carré :						
m	k	k	300 kᵒˢ	350 kᵒˢ	400 kᵒˢ	450 kᵒˢ	500 kᵒˢ	550 kᵒˢ	600 kᵒˢ
			m	m	m	m	m	m	m
4 »	6	1438	»	»	0.90	0.80	0.72	0.65	0.60
	8	1917	»	»	»	»	0.96	0.87	0.80
	10	2396	»	»	»	»	»	»	1.00
4.25	6	1353	»	0.91	0.80	0.71	0.64	0.58	0.53
	8	1804	»	»	»	0.94	0.85	0.77	0.70
	10	2255	»	»	»	»	»	0.96	0.88
4.50	6	1278	0.93	0.81	0.71	0.63	0.57	0.52	0.47
	8	1704	»	»	0.94	0.84	0.76	0.69	0.63
	10	2130	»	»	»	»	0.95	0.86	0.79
4.75	6	1211	0.85	0.73	0.64	0.56	0.51	0.46	0.43
	8	1614	»	0.97	0.85	0.75	0.68	0.62	0.57
	10	2018	»	»	»	0.94	0.85	0.77	0.71
5 »	6	1150	0.77	0.66	0.58	0.51	0.46	0.42	0.38
	8	1534	1.02	0.88	0.77	0.68	0.62	0.56	0.51
	10	1917	»	»	0.96	0.85	0.77	0.70	0.64
5.25	6	1095	0.70	0.59	0.52	0.47	0.42	0.38	0.35
	8	1460	0.93	0.79	0.69	0.62	0.56	0.50	0.46
	10	1825	»	0.99	0.86	0.77	0.70	0.63	0.58
5.50	6	1045	0.64	0.55	0.47	0.42	0.38	0.35	0.32
	8	1394	0.85	0.73	0.63	0.56	0.50	0.46	0.42
	10	1742	»	0.91	0.79	0.70	»	»	»
5.75	6	1000	0.58	0.50	0.43	0.38	0.35	0.32	0.29
	8	1334	0.78	0.66	0.58	0.51	0.46	0.42	0.38
	10	1667	0.88	0.82	0.73	0.64	»	»	»
6 »	6	958	0.53	0.46	0.40	0.35	0.32	0.27	»
	8	1278	0.74	0.64	0.54	0.47	0.42	0.36	»
	10	1597	»	0.76	0.68	0.59	»	»	»

TABLEAU N° 9

PLANCHERS composés de fers à I de 0^{m}200 pesant 22 k^{os} le mètre courant

PORTÉES dans œuvre	VALEURS DE R	CHARGES uniformément réparties sur chaque solive	Écartement des solives (d'axe en axe) pour des planchers devant porter (charge morte et charge accidentelle) par mètre carré :						
m	k	k	300 k^{os}	350 k^{os}	400 k^{os}	450 k^{os}	500 k^{os}	550 k^{os}	600 k^{os}
			m	m	m	m	m	m	m
5.00	6	1495	1.00	0.85	0.75	0.67	0.60	0.55	0.50
	8	1993	»	»	1.00	0.89	0.80	0.73	0.66
	10	2491	»	»	»	»	1.00	0.91	0.83
5.25	6	1424	0.91	0.77	0.68	0.60	0.54	0.49	0.43
	8	1898	»	1.03	0.90	0.80	0.72	0.66	0.60
	10	2373	»	»	»	1.00	0.90	0.82	0.75
5.50	6	1359	0.83	0.71	0.61	0.55	0.49	0.45	0.41
	8	1812	»	0.94	0.82	0.73	0.66	0.60	0.55
	10	2265	»	»	1.02	0.91	0.82	0.75	0.69
5.75	6	1300	0.76	0.65	0.56	0.50	0.45	0.41	0.38
	8	1733	1.01	0.86	0.75	0.67	0.60	0.55	0.50
	10	2166	»	»	0.94	0.84	0.75	0.69	0.63
6.00	6	1246	0.69	0.59	0.52	0.46	0.41	0.38	0.35
	8	1661	0.82	0.79	0.69	0.62	0.55	0.50	0.46
	10	2076	»	0.99	0.86	0.77	0.69	0.63	0.58
6.25	6	1196	0.64	0.55	0.47	0.43	0.38	0.35	0.32
	8	1594	0.83	0.73	0.63	0.57	0.51	0.46	0.42
	10	1993	»	0.91	0.79	0.71	0.64	0.58	0.53
6.50	6	1150	0.59	0.50	0.44	0.39	0.35	0.32	0.29
	8	1533	0.78	0.67	0.59	0.52	0.47	0.43	0.39
	10	1916	»	0.84	0.74	0.65	0.59	»	»
6.75	6	1107	0.55	0.47	0.41	0.37	0.38	0.30	»
	8	1476	0.73	0.62	0.54	0.49	0.44	0.40	»
	10	1845	»	0.77	0.67	0.61	»	»	»
7.00	6	1068	0.51	0.44	0.38	0.34	0.31	»	»
	8	1424	0.68	0.58	0.51	0.45	0.41	»	»
	10	1780	»	»	»	»	»	»	»

TABLEAU N° 10

PLANCHERS composés de fers à I de 0ᵐ220 pesant 25 kᵒˢ le mètre courant

PORTÉES dans œuvre	VALEURS DE R	CHARGES uniformément réparties sur chaque solive	Écartement des solives (d'axe en axe) pour des planchers devant porter (charge morte et charge accidentelle) par mètre carré :						
m	k	k	300 kᵒˢ	350 kᵒˢ	400 kᵒˢ	450 kᵒˢ	500 kᵒˢ	550 kᵒˢ	600 kᵒˢ
			m	m	m	m	m	m	m
5.50	6	1544	0.94	0.80	0.70	0.62	0.56	0.50	0.47
	8	2058	»	»	0.94	0.83	0.75	0.67	0.62
	10	2573	»	»	»	1.04	0.94	0.85	0.78
5.75	6	1477	0.86	0.73	0.64	0.57	0.52	0.47	0.43
	8	1969	»	0.98	0.86	0.76	0.69	0.62	0.57
	10	2461	»	»	»	0.95	0.86	0.78	0.71
6.00	6	1415	0.79	0.67	0.59	0.52	0.47	0.43	0.40
	8	1887	1.05	0.90	0.78	0.70	0.63	0.57	0.53
	10	2359	»	»	0.98	0.87	0.79	0.71	0.66
6.25	6	1358	0.73	0.62	0.55	0.48	0.43	0.40	0.36
	8	1811	0.97	0.82	0.73	0.64	0.58	0.53	0.48
	10	2264	»	1.03	0.91	0.80	0.72	0.66	0.60
6.50	6	1306	0.67	0.58	0.50	0.44	0.40	0.37	0.34
	8	1742	0.90	0.77	0.66	0.59	0.54	0.49	0.45
	10	2177	»	0.96	0.83	0.74	0.67	0.61	0.56
6.75	6	1258	0.62	0.53	0.46	0.41	0.37	0.34	0.31
	8	1677	0.82	0.71	0.62	0.55	0.50	0.46	0.42
	10	2096	1.03	0.89	0.77	0.69	0.62	0.57	0.52
7.00	6	1213	0.58	0.50	0.43	0.38	0.35	0.32	0.29
	8	1618	0.77	0.66	0.58	0.51	0.46	0.42	0.38
	10	2023	0.96	0.82	0.73	0.64	0.57	»	»
7.25	6	1172	0.54	0.46	0.40	0.36	0.32	0.29	0.27
	8	1562	0.72	0.62	0.54	0.48	0.43	0.39	0.36
	10	»	0.90	0.78	0.68	0.60	0.54	»	»
7.50	6	1132	0.50	0.43	0.38	0.34	0.30	0.28	0.25
	8	1510	0.67	0.58	0.50	0.45	0.40	0.37	0.34
	10	»	»	»	»	»	»	»	»

TABLEAU N° 11

PLANCHERS composés de fers à I de 0m240
pesant 28 k.os 50 le mètre courant

PORTÉES dans ŒUVRE	VALEURS DE R	CHARGES uniformément réparties sur chaque solive	Écartement des solives (d'axe en axe) pour les planchers devant porter (charge morte et charge accidentelle) par mètre carré :						
m	k	k	300 k.os	350 k.os	400 k.os	450 k.os	500 k.os	550 k.os	600 k.os
			m	m	m	m	m	m	m
6.50	6	1588	0.82	0.70	0.61	0.54	0.49	0.44	0.41
	8	2117	»	0.93	0.82	0.72	0.65	0.59	0.54
	10	2646	»	»	1.02	0.90	0.81	0.74	0.68
6.75	6	1529	0.76	0.63	0.56	0.50	0.46	0.41	0.38
	8	2038	1.01	0.85	0.75	0.67	0.61	0.55	0.50
	10	2548	»	»	0.94	0.84	0.76	0.69	0.63
7.00	6	1474	0.70	0.60	0.53	0.47	0.42	0.38	0.35
	8	1966	0.94	0.80	0.70	0.62	0.56	0.51	0.46
	10	2457	»	1.00	0.88	0.78	0.70	0.64	0.58
7.25	6	1423	0.65	0.56	0.49	0.44	0.39	0.35	0.32
	8	1898	0.87	0.74	0.66	0.58	0.52	0.47	0.43
	10	2372	»	0.93	0.82	0.73	0.65	0.59	0.54
7.50	6	1376	0.61	0.52	0.46	0.41	0.37	0.34	0.31
	8	1834	0.82	0.70	0.61	0.54	0.49	0.45	0.41
	10	2293	1.02	0.87	0.76	0.68	0.61	0.56	0.51
7.75	6	1331	0.57	0.49	0.43	0.38	0.34	0.31	0.29
	8	1775	0.76	0.66	0.58	0.51	0.46	0.42	0.38
	10	2219	0.95	0.82	0.72	0.64	0.57	0.52	0.48
8.00	6	1290	0.54	0.46	0.40	0.36	0.32	0.29	0.27
	8	1720	0.72	0.62	0.54	0.48	0.43	0.39	0.36
	10	2150	0.90	0.77	0.67	0.60	0.54	0.49	0.45
8.25	6	1251	0.50	0.43	0.38	0.34	0.31	0.28	0.25
	8	1668	0.67	0.58	0.50	0.45	0.41	0.37	0.34
	10	»	»	»	»	»	»	»	»
8.50	6	1212	0.47	0.44	0.36	0.32	0.29	0.26	»
	8	1616	0.63	0.54	0.48	0.42	0.38	0.34	»
	10	»	»	»	»	»	»	»	»

TABLEAU N° 12

PLANCHERS composés de fers à I de 0ᵐ250 pesant 31 kᵒˢ le mètre courant

PORTÉES dans œuvre	VALEURS DE R	CHARGES uniformément réparties sur chaque solive	Écartement des solives (d'axe en axe) pour les planchers devant porter (charge morte et charge accidentelle) par mètre carré :						
			300 kos	350 kos	400 kos	450 kos	500 kos	550 kos	600 kos
m	k	k	m	m	m	m	m	m	m
7.00	6	1865	0.89	0.76	0.67	0.59	0.53	0.49	0.44
	8	2487	»	1.02	0.89	0.79	0.71	0.65	0.59
	10	3109	»	»	»	0.99	0.89	0.81	0.74
7.25	6	1801	0.83	0.71	0.62	0.55	0.49	0.45	0.41
	8	2401	»	0.94	0.82	0.74	0.66	0.60	0.55
	10	3001	»	»	1.03	0.92	0.83	0.75	0.69
7.50	6	1741	0.77	0.67	0.58	0.52	0.46	0.42	0.38
	8	2321	1.03	0.89	0.78	0.69	0.62	0.56	0.51
	10	2901	»	»	0.97	0.86	0.77	0.70	0.64
7.75	6	1685	0.73	0.62	0.55	0.48	0.43	0.40	0.36
	8	2246	0.97	0.82	0.73	0.64	0.58	0.53	0.48
	10	2808	»	1.03	0.94	0.80	0.72	0.66	0.60
8.00	6	1632	0.68	0.58	0.51	0.46	0.41	0.37	0.34
	8	2176	0.90	0.78	0.68	0.61	0.54	0.50	0.46
	10	2720	»	0.97	0.85	0.76	0.68	0.62	0.57
8.25	6	1583	0.64	0.55	0.48	0.43	0.38	0.35	0.32
	8	2110	0.86	0.73	0.64	0.57	0.51	0.46	0.42
	10	2638	»	»	»	»	»	»	»
8.50	6	1536	0.60	0.52	0.45	0.40	0.36	0.33	0.30
	8	2048	0.80	0.69	0.60	0.54	0.48	0.44	0.40
	10	2560	»	»	»	»	»	»	»
8.75	6	1492	0.57	0.49	0.43	0.38	0.34	0.31	0.28
	8	1990	0.76	0.66	0.57	0.50	0.45	0.42	0.38
	10	2487	»	»	»	»	»	»	»
9.00	6	1451	0.54	0.46	0.40	0.36	0.32	0.29	0.27
	8	1934	0.72	0.62	0.54	0.48	0.43	0.39	0.36
	10	2418	»	»	»	»	»	»	»

TABLEAU N° 13

PLANCHERS composés de fers à I de 0ᵐ260 pesant 31 kᵒˢ le mètre courant

PORTÉES dans œuvre	VALEURS DE R	CHARGES uniformément réparties sur chaque solive	Écartement des solives (d'axe en axe) pour des planchers devant porter (charge morte et charge accidentelle) par mètre carré :						
			300 kᵒˢ	350 kᵒˢ	400 kᵒˢ	450 kᵒˢ	500 kᵒˢ	550 kᵒˢ	600 kᵒˢ
m	k	k	m	m	m	m	m	m	m
7.25	6	1868	0.86	0.74	0.64	0.57	0.52	0.47	0.43
	8	2491	»	0.98	0.86	0.76	0.69	0.62	0.58
	10	3114	»	»	»	0.93	0.86	0.78	0.72
7.50	6	1806	0.80	0.69	0.60	0.53	0.48	0.44	0.40
	8	2408	»	0.92	0.80	0.71	0.64	0.58	0.54
	10	3010	»	»	1.00	0.89	0.80	0.73	0.67
7.75	6	1748	0.75	0.64	0.56	0.50	0.45	0.41	0.38
	8	2330	1.00	0.86	0.75	0.66	0.60	0.54	0.50
	10	2913	»	»	0.94	0.83	0.75	0.68	0.63
8.00	6	1693	0.71	0.61	0.53	0.47	0.43	0.38	0.35
	8	2258	0.94	0.81	0.70	0.62	0.57	0.51	0.47
	10	2822	»	1.01	0.88	0.78	0.71	0.64	0.59
8.25	6	1642	0.67	0.56	0.50	0.44	0.40	0.36	0.33
	8	2190	0.89	0.75	0.66	0.59	0.53	0.48	0.44
	10	2737	»	0.94	0.83	0.74	0.66	0.60	0.55
8.50	6	1594	0.62	0.53	0.47	0.42	0.37	0.34	0.31
	8	2125	0.83	0.71	0.62	0.56	0.50	0.45	0.42
	10	2656	»	»	»	»	»	»	»
8.75	6	1548	0.59	0.50	0.44	0.40	0.35	0.32	0.29
	8	2064	0.78	0.67	0.59	0.53	0.47	0.43	0.39
	10	2580	»	»	»	»	»	»	»
9.00	6	1505	0.56	0.48	0.42	0.38	0.34	0.31	0.28
	8	2007	0.74	0.64	0.56	0.50	0.45	0.41	0.37
	10	2509	»	»	»	»	»	»	»
9.25	6	1465	0.53	0.43	0.40	0.35	0.32	0.29	0.26
	8	1953	0.70	0.60	0.53	0.47	0.42	0.38	0.35
	10	2441	»	»	»	»	»	»	»

TABLEAU

Charges uniformément réparties que[...]

2 barres en fer[...]

PORTÉES

HAUTEUR des FERS	POIDS au mètre courant des 2 BARRES	VALEURS DE R	2m00	2m25	2m50	2m75	3m00	3m25	3m50	3m75	4m00
m	k	k	k	k	k	k	k	k	k	k	k
0.08	12.50	6	930	843	700	»	»	»	»	»	»
		8	1267	1126	1014	»	»	»	»	»	»
		10	1584	1408	1267	»	»	»	»	»	»
0.10	18.00	6	1368	1216	1094	995	912	842	»	»	»
		8	1824	1622	1459	1326	1216	1122	»	»	»
		10	2280	2027	1824	1658	1520	1403	»	»	»
0.12	22.00	6	1824	1622	1460	1327	1216	1123	1043	973	912
		8	2432	2162	1946	1770	1622	1497	1390	1298	1216
		10	3041	2703	2433	2212	2027	1871	1738	1622	1521
0.14	28.00	6	2683	2385	2147	1952	1789	1651	1533	1431	1341
		8	3377	3180	2862	2603	2385	2202	2044	1908	1788
		10	4472	3975	3578	3254	2981	2752	2553	2385	2236
0.16	30.00	6	3604	3204	2884	2620	2402	2218	2060	1922	1802
		8	4806	4272	3842	3493	3204	2958	2746	2563	2403
		10	6008	5340	4802	4366	4005	3697	3433	3204	3004
0.18	40.00	6	5750	5111	4600	4182	3833	3539	3286	3067	2875
		8	7667	6815	6134	5576	5111	4718	4382	4090	3833
		10	9584	8519	7667	6970	6389	5898	5477	5112	4792
0.20	44.00	6	7473	6643	5979	5435	4982	4599	4271	3986	3736
		8	9964	8857	7972	7247	6643	6132	5694	5314	4982
		10	12456	11072	9965	9059	8304	7665	7118	6643	6228
0.22	50.00	6	8491	7548	6793	6175	5661	5225	4852	4529	4245
		8	11321	10064	9057	8233	7548	6966	6470	6038	5660
		10	14152	12580	11322	10292	9435	8708	8087	7548	7076
0.24	57.00	6	10320	9173	8256	7505	6880	5897	6049	5504	5160
		8	13760	12231	11008	10007	9173	7863	8026	7338	6880
		10	17200	15289	13760	12309	11466	9829	10033	9173	8600
0.25	62.00	6	13056	11605	10444	9495	8704	8034	7462	6995	6528
		8	17408	15473	13926	12660	11606	10712	9949	9327	8704
		10	21760	19342	17408	15825	14506	13390	12437	11659	10880
0.26	62.00	6	13548	12043	10838	9853	9032	8467	7741	7225	6774
		8	18064	16057	14454	13137	12042	11290	10322	9634	9032
		10	22580	20071	18064	16422	15054	14113	12903	12043	11290

· 14.

...euvent porter les Poitrails composés de
...ordinaires.

...ANS ŒUVRE

4ᵐ25	4ᵐ50	4ᵐ75	5ᵐ00	5ᵐ25	5ᵐ50	5ᵐ75	6ᵐ00	6ᵐ25	6ᵐ50	6ᵐ75	7ᵐ00	7ᵐ25	7ᵐ50	7ᵐ75	8ᵐ00
k	k	k	k	k	k	k	k	k	k	k	k	k	k	k	k
»	»	»	»	»	»	»	»	»	»	»	»	»	»	»	»
»	»	»	»	»	»	»	»	»	»	»	»	»	»	»	»
»	»	»	»	»	»	»	»	»	»	»	»	»	»	»	»
»	»	»	»	»	»	»	»	»	»	»	»	»	»	»	»
»	»	»	»	»	»	»	»	»	»	»	»	»	»	»	»
»	»	»	»	»	»	»	»	»	»	»	»	»	»	»	»
»	»	»	»	»	»	»	»	»	»	»	»	»	»	»	»
»	»	»	»	»	»	»	»	»	»	»	»	»	»	»	»
262	1492	»	»	»	»	»	»	»	»	»	»	»	»	»	»
683	1590	»	»	»	»	»	»	»	»	»	»	»	»	»	»
104	1987	»	»	»	»	»	»	»	»	»	»	»	»	»	»
696	1602	1518	1440	»	»	»	»	»	»	»	»	»	»	»	»
262	2136	2024	1921	»	»	»	»	»	»	»	»	»	»	»	»
827	2670	2530	2401	»	»	»	»	»	»	»	»	»	»	»	»
706	2535	2421	2300	2191	2091	2000	1916	»	»	»	»	»	»	»	»
608	3407	3228	3067	2924	2785	2667	2555	»	»	»	»	»	»	»	»
510	4259	4035	3833	3654	3485	3334	3194	»	»	»	»	»	»	»	»
347	3321	3147	2989	2847	2718	2599	2491	2392	2299	»	»	»	»	»	»
690	4428	4196	3986	3796	3623	3466	3321	3189	3066	»	»	»	»	»	»
862	5536	5245	4982	4743	4529	4332	4152	3986	3832	»	»	»	»	»	»
996	3774	3575	3390	3240	3087	2953	2830	2747	2612	2516	2426	»	»	»	»
328	5032	4766	4528	4320	4116	3938	3774	3623	3483	3355	3234	»	»	»	»
660	6290	5958	5661	5400	5146	4922	4717	4529	4334	4193	4043	»	»	»	»
856	4586	4345	4128	3931	3782	3590	3440	3300	3175	3058	3010	2847	»	»	»
473	6115	5794	5504	5252	5003	4786	4590	4400	4234	4077	4013	3796	»	»	»
694	7644	7242	6880	6552	6254	5983	5733	5500	5292	5096	5016	4745	»	»	»
444	5802	5497	5222	4974	4747	4541	4352	4178	3990	3868	3807	3601	3497	3369	»
192	7736	7330	6963	6632	6330	6054	5802	5570	5326	5158	5077	4802	4663	4492	»
210	9671	9162	8704	8290	7912	7566	7253	6963	6650	6447	6346	6003	5829	5615	»
373	6021	5701	5419	5161	4926	4712	4516	4378	4234	4014	3871	3737	3613	3496	3387
500	8028	7601	7225	6882	6368	6283	6021	5837	5643	5352	5161	4983	4817	4662	4516
626	10035	9501	9032	8602	8211	7834	7527	7296	7056	6690	6451	6229	6021	5827	5645

TABLEA[U]

Charges uniformément réparties qu[e supportent des]
3 barres en fe[r…]

PORTÉE[S]

HAUTEUR des FERS	POIDS au mètre courant des 3 BARRES	VALEURS DE R	PORTÉES								
m	k	k	2m00	2m25	2m50	2m75	3m00	3m25	3m50	3m75	4m00 (cut)
0.08	18.75	6	1426	1267	1140	»	»	»	»	»	»
		8	1901	1690	1520	»	»	»	»	»	»
		10	2376	2112	1900	»	»	»	»	»	»
0.10	27.00	6	2052	1824	1642	1492	1368	1262	»	»	»
		8	2736	2432	2189	1990	1824	1683	»	»	»
		10	3420	3040	2736	2487	2280	2104	»	»	»
0.12	33.00	6	2737	2432	2190	1901	1824	1684	1564	1460	13…
		8	3650	3243	2920	2654	2432	2245	2086	1946	18…
		10	4562	4054	3650	3318	3040	2806	2607	2433	22…
0.14	42.00	6	4025	3577	3220	2929	2683	2477	2299	2147	20…
		8	5366	4770	4294	3905	3577	3302	3060	2862	26…
		10	6708	5962	5367	4881	4471	4128	3832	3578	33…
0.16	45.00	6	5407	4806	4322	3929	3605	3327	3090	2884	27…
		8	7210	6408	5762	5239	4806	4436	4120	3845	36…
		10	9012	8010	7203	6549	6008	5545	5150	4806	45…
0.18	60.00	6	8625	7666	6900	6273	5750	5308	4920	4601	43…
		8	11501	10222	9200	8364	7666	7078	6572	6135	57…
		10	14376	12778	11500	10455	9583	8847	8215	7668	718…
0.20	66.00	6	11210	9964	8968	8452	7773	6808	6406	5978	56…
		8	14947	13286	11957	10870	10364	9197	8541	7971	74…
		10	18684	16608	14947	13588	12956	11497	10677	9964	93…
0.22	75.00	6	12735	11322	10189	9262	8491	7837	7278	6793	630…
		8	16982	15096	13586	12350	11321	10449	9704	9057	845…
		10	21228	18870	16983	15438	14152	13062	12136	11322	1061…
0.24	85.50	6	15480	13759	12384	11257	10319	8840	9030	8256	77…
		8	20640	18346	16512	15010	13759	11795	12040	11008	1032…
		10	25800	22933	20640	18763	17199	14744	13050	13760	1290…
0.25	93.00	6	19584	17407	15667	14242	13055	13051	11193	10592	975…
		8	26112	23210	20889	18989	17407	18068	14924	13990	1302…
		10	32640	29013	26112	23737	21759	20085	18655	17488	1632…
0.26	93.00	6	20322	18063	16257	14779	13519	12702	11612	10838	1110…
		8	27096	24084	21676	19706	18065	16936	15483	14451	1354…
		10	33870	30106	27096	24633	22584	21170	19354	18004	1693…

N° 15.

… peuvent porter les Poitrails composés de
… I ordinaires.

… DANS ŒUVRE

4ᵐ25	4ᵐ50	4ᵐ75	5ᵐ00	5ᵐ25	5ᵐ50	5ᵐ75	6ᵐ00	6ᵐ25	6ᵐ50	6ᵐ75	7ᵐ00	7ᵐ25	7ᵐ50	7ᵐ75	8ᵐ00
k	k	k	k	k	k	k	k	k	k	k	k	k	k	k	k
»	»	»	»	»	»	»	»	»	»	»	»	»	»	»	»
»	»	»	»	»	»	»	»	»	»	»	»	»	»	»	»
»	»	»	»	»	»	»	»	»	»	»	»	»	»	»	»
»	»	»	»	»	»	»	»	»	»	»	»	»	»	»	»
»	»	»	»	»	»	»	»	»	»	»	»	»	»	»	»
»	»	»	»	»	»	»	»	»	»	»	»	»	»	»	»
1894	1788	»	»	»	»	»	»	»	»	»	»	»	»	»	»
2525	2384	»	»	»	»	»	»	»	»	»	»	»	»	»	»
3156	2980	»	»	»	»	»	»	»	»	»	»	»	»	»	»
2544	2403	2277	2161	»	»	»	»	»	»	»	»	»	»	»	»
3392	3204	3036	2882	»	»	»	»	»	»	»	»	»	»	»	»
4240	4005	3795	3602	»	»	»	»	»	»	»	»	»	»	»	»
4059	3833	3631	3450	3286	3136	3001	2875	»	»	»	»	»	»	»	»
5412	5110	4842	4600	4381	4182	4001	3833	»	»	»	»	»	»	»	»
6765	6388	6052	5750	5476	5227	5004	4791	»	»	»	»	»	»	»	»
5276	4982	4720	4484	4271	4076	3899	3737	3587	3449	»	»	»	»	»	»
7034	6643	6294	5978	5694	5434	5198	4982	4783	4598	»	»	»	»	»	»
8793	8304	7867	7473	7118	6793	6498	6228	5979	5748	»	»	»	»	»	»
5994	5681	5362	5095	4860	4631	4430	4243	4076	3919	3774	3639	»	»	»	»
7992	7548	7130	6793	6480	6175	5906	5660	5434	5225	5032	4832	»	»	»	»
9990	9435	8937	8491	8100	7719	7383	7075	6793	6531	6290	6065	»	»	»	»
7585	6879	6517	6192	5897	5629	5384	5166	4950	4763	4586	4314	4270	»	»	»
10113	9172	8690	8256	7862	7505	7179	6886	6600	6356	6115	6019	5694	»	»	»
12641	11466	10863	10320	9828	9381	8974	8600	8250	7938	7644	7524	7117	»	»	»
9216	8703	8245	7833	7464	7120	6811	6528	6266	5985	5802	5714	5403	5246	5053	»
12288	11604	10994	10444	9948	9494	9081	8704	8355	7980	7736	7615	7204	6994	6738	»
15360	14506	13743	13056	12435	11868	11332	10880	10444	9975	9670	9519	9005	8743	8422	»
9363	9031	8551	8128	7741	7389	7069	6774	6366	6250	6021	5806	5606	5419	5244	5080
12751	12041	11401	10838	10322	9852	9423	9032	8755	8467	8028	7741	7474	7225	6992	6774
15939	15052	14252	13548	12903	12316	11781	11290	10944	10584	10035	9676	9343	9031	8740	8467

TABLEAU N° 16

Résistance d'une série de Fers carrés et de Fers plats

(Les fers plats étant posés de champ, c'est-à-dire sur le plus petit côté)

DIMENSIONS des FERS en millimètres	POIDS au MÈTRE COURANT (k)	VALEUR de $\frac{1}{n}$	VALEURS DE R (k)	CHARGES uniformément réparties pour une portée de 1m00 (k)
25×25	4.86	0.000002083	6	125
			8	167
			10	208
27×27	5.67	0.000003284	6	158
			8	210
			10	263
36×20	3.60	0.000004320	6	207
			8	276
			10	345
30×30	7.00	0.000004500	6	216
			8	288
			10	360
45×20	6.08	0.000006750	6	324
			8	432
			10	540
34×34	9.00	0.000006550	6	314
			8	419
			10	524
50×23	8.80	0.000009583	6	460
			8	613
			10	766
40×40	12.46	0.000010667	6	512
			8	682
			10	853
61×27	12.60	0.000016744	6	803
			8	1071
			10	1339
45×45	15.77	0.000015187	6	729
			8	972
			10	1215
75×27	15.77	0.000025312	6	1215
			8	1620
			10	2025
50×50	19.47	0.000020833	6	1000
			8	1333
			10	1666
100×25	19.47	0.000041667	6	2000
			8	2666
			10	3333

DIMENSIONS des FERS en millimètres	POIDS au MÈTRE COURANT (k)	VALEUR de $\frac{1}{n}$	VALEURS DE R (k)	CHARGES uniformément réparties pour une portée de 1m00 (k)
54×54	22.70	0.000026244	6	1259
			8	1679
			10	2099
90×32	22.42	0.000038880	6	1866
			8	2488
			10	3110
61×61	28.98	0.000037830	6	1816
			8	2421
			10	3026
108×34	28.08	0.000071384	6	3426
			8	4568
			10	5710
68×68	36.07	0.000052405	6	2545
			8	3384
			10	4192
135×34	35.74	0.000103275	6	4958
			8	6611
			10	8264
75×75	45.01	0.000070313	6	3375
			8	4500
			10	5625
160×36	44.85	0.000153600	6	7372
			8	9830
			10	12288
81×81	54.18	0.000088573	6	4252
			8	5669
			10	7086
88×88	60.40	0.000113594	6	5452
			8	7270
			10	9087
95×95	69.50	0.000142896	6	6859
			8	9145
			10	11432
101×101	79.57	0.000171717	6	8244
			8	10988
			10	13736
108×108	90.98	0.000209952	6	10077
			8	13436
			10	16796

(Les fers plats étant posés de champ, c'est-à-dire sur le plus petit côté)

Le tableau précédent étant basé sur le même principe que les tableaux n°ˢ 1 et 2, les règles données pour l'usage de ces derniers sont applicables ici :

A l'aide de ces règles, on trouvera, par exemple, qu'un fer carré de 0ᵐ040 (travaillant à 8ᵏ) portera à 2ᵐ dans œuvre :

$$\frac{682}{2} = 341^{\text{kos}}.$$

Nous avons, à dessein, mis à la suite d'un fer carré, un fer méplat de même poids ou à peu près, afin de bien montrer, au point de vue de la résistance, l'influence due à la hauteur dans les solides soumis à un effort de flexion.

RÉSISTANCE DES POUTRES EN TOLE ET CORNIÈRES

Les tableaux n°ˢ 17, 18, 19, 20, 21, 22, 23 et 24 (1) donnent, pour 8 séries de poutres de 0ᵐ20 à 0ᵐ50 de hauteur d'âmes : d'une part la valeur $\frac{1}{n}$;

d'autre part, la charge uniformément répartie correspondant à une portée de 1ᵐ00 dans œuvre : 1° pour un millimètre d'épaisseur de l'âme ; 2° pour un centimètre de largeur des semelles (de 7, 9, 10, 11, 14, 16, 18, 20 et 22 millimètres d'épaisseur) ; 3° pour les 4 cornières (de 60, 70, 80, 90 et 100, échantillons courants du commerce). L'examen des tableaux et un seul exemple suffiront pour en indiquer l'usage.

On demande quelle charge uniformément répartie pourra porter une poutre composée d'une âme de $\dfrac{300}{10}$ *millimètres, de 4 cornières de* $\dfrac{80 \times 80}{10}$ *et de deux semelles ou couvertures, de* $\dfrac{200}{11}$ *ayant une portée de 6ᵐ00 dans œuvre, le fer travaillant à 6 kilog.*

---

(1) Ces tableaux ont été extraits d'un travail sur les poutres en tôles et cornières que je livrerai prochainement à l'impression ; cet ouvrage donnera pour plus de 5,000 *poutres*, variant de 0ᵐ180 à 1ᵐ100 de hauteur, composées avec les larges plats, tôles et cornières courants du commerce : 1° la valeur $\dfrac{1}{n}$; 2° les charges sur 1ᵐ00 calculées pour 6, 8 et 10 kᵒˢ ; 3° le poids par mètre courant. — En plus une série de tableaux, semblables à ceux ci-après, permettant de calculer *toutes les poutres depuis 0ᵐ18 jusqu'à 1ᵐ00 de hauteur d'âme, avec des semelles variant de 7 à 55 ᵐ/ᵐ d'épaisseur.* Cet ouvrage essentiellement pratique supprime d'une façon absolue le calcul des poutres jusqu'à 1ᵐ00 de hauteur d'âme. — A. S.

Dans le tableau des poutres avec âmes de 300 : cherchons dans la colonne, *épaisseur des semelles*, le nombre 11, nous trouvons en face R = 6 :

pour 1 $^{m/m}$. d'épaiss. de l'âme 671^k et pour 10$^{m/m}$ = 6710^k

pour 0^{m}01 de largeur des semelles 1586^k × 0^{m}20 = 31720^k

pour les 4 cornières de $\dfrac{80 \times 80}{10}$ . . . . 29616^k

$$\text{Total ou charge pour 1}^m\text{00 de portée. .} \quad \overline{68046^k}$$

La portée de la poutre étant 5^{m}00, nous n'avons plus qu'à diviser ce total par 5 pour avoir la charge correspondant à cette portée.

$$\text{Soit :} \quad \frac{68046}{5} = 13609 \text{ k}^{os}.$$

La poutre portera 13609 k^{os}, répartis uniformément sur la portée de 5^{m}00, en supposant que le fer travaille à 6 k^{os}.

On trouvera la valeur $\dfrac{I}{n}$ en opérant de même :

Ame : pour 1 $^{m/m}$ 0.0000139752 × 10 = 0.000139752

Semelles : pour 1 $^{c/m}$ 0.0000330550 × 20 = 0.000661100

Cornières : $\dfrac{80 \times 80}{10}$ 0.000616895

$$\text{Total } \frac{I}{n} = 0.001417747$$

— Trouver une poutre capable de porter une charge déterminée pour une longueur de portée donnée.

La recherche de cette poutre donne lieu à une série de tâtonnements qu'on peut diminuer notablement à l'aide des tableaux.

EXEMPLE. — On demande la section d'une poutre devant porter 20000 k^{os} à 7^{m}00 de portée, — le fer travaillant à 8 k^{os}.

Généralement, les besoins de la construction font que la hauteur de la poutre est donnée ; supposons cette hauteur égale à 0^{m}420. On voit de suite que la hauteur d'âme, dans ce cas, sera 400 $^{m/m}$ ou environ, supposons 400 : le problème se trouve ainsi réduit à chercher l'épaisseur de l'âme, les cornières et la largeur des semelles, puisque leur épaisseur se déduit de la hauteur donnée et de la hauteur de l'âme.

La poutre devant porter 20000 k^{os} à 7^{m}00, à 1^{m}00 devra porter *(règle 2)* : 20000 × 7 = 140000 k^{os} :

nombre à composer avec les éléments du tableau : âmes de 400 $^{m}/^{m}$.

L'opération se fera de la façon suivante : supposons *à priori* une épaisseur de 10 $^{m}/^{m}$ d'âme et des cornières de $\dfrac{80 \times 80}{10}$ on aura (*suivre l'opération sur le tableau des âmes 400*) colonne des semelles de 10 $^{m}/^{m}$ d'épaisseur :

$$\text{Pour l'âme} \ldots \ldots 1625 \times 10 = 16250 \ k^{os}$$

$$\text{Pour les cornières de } \dfrac{80 \times 80}{10} = 57940 \ k^{os}$$

Total de la charge portée par l'âme et les cornières . . . . 74190 k^{os}

Si nous retranchons de la charge totale à 1^{m}00 : . . 140000 k^{os}
cette charge partielle : 74190

Il reste pour la charge que devront porter les semelles . . . . 65810 k^{os}

Or, nous voyons dans le tableau que 1 $^{c}/^{m}$ de largeur des semelles de 10 $^{m}/^{m}$ d'épaisseur portent, à 8 k^{os}, 2562 k^{os} ; si nous divisons 65810 par 2562, le quotient sera la largeur des semelles. $\dfrac{65810}{2562} = 25$ centimètres avec un reste à la division : 1760 k^{os}.

On prendra pour la largeur des semelles 25 centimètres, qui est un échantillon courant et on ajoutera, pour compenser le reste, 1 millimètre d'épaisseur à l'âme, ce qui donnera :

$$1625 \times 11 = 17875 \text{ résistance de l'âme}$$
$$57940 \quad — \quad \text{des 4 cornières}$$
$$2562 \times 25 = 64050 \quad — \quad \text{des semelles}$$

TOTAL 139865 k^{os} assez rapproché de 140000 pour dire que la poutre composée d'une âme de 400 $\times$ 11 de 4 cornières de $\dfrac{80 \times 80}{10}$ et de 2 semelles de 250 $\times$ 10, remplit bien les conditions demandées ; en effet, $\dfrac{139865}{7} = 19980$, très-approché de 20000, résistance demandée.

On peut étendre les tableaux suivants à des poutres dont les hauteurs d'âmes, comprises entre 0,20 et 0,50, ne se trouvent pas dans lesdits tableaux ; il suffira pour cela de calculer ces poutres proportionnellement à celles semblables (moins la hauteur d'âme) qui s'en rapprochent le plus en moins ou en plus.

Ainsi : soit à trouver la charge que pourra porter à 6^m00 dans œuvre, le fer travaillant à 8 k^{os}, une poutre composée d'une âme de 270 × 9 ;

4 cornières de $\dfrac{70 \times 70}{9}$;

2 semelles de 200 × 7.

Par le moyen donné précédemment, calculons la charge que pourront porter respectivement les poutres, ayant pour hauteur d'âme 300 et 250 (les autres parties, cornières et semelles, étant les mêmes que celles de la poutre donnée), nous trouvons que la poutre de 300 d'âme porte à 1^m00 . . . . 75273 k^{os}

Celle de 250 d'âme. 59896

Différence. . . . 15377 k^{os}

Divisons cette différence par 5 (différence entre les hauteurs des 2 poutres de comparaison) on a :

$$\frac{15377}{5} = 3075,40.$$

Multiplions ce quotient par 2 (différence entre la hauteur de la poutre donnée et celle de la poutre la plus faible) ; on a :
$$3075,40 \times 2 = 6150,80 \text{ k}^{os}$$
qui, ajoutés à la charge portée par la poutre la plus
faible 59896,00

donnent . . . . . . 66046,80 k^{os}

charge à 1^m00 dans œuvre de la poutre donnée ; nous n'avons plus qu'à diviser cette charge par la portée dans œuvre 7^m00, pour avoir la résistance demandée, soit :

$$\frac{66046,80}{7} = 11004 \text{ k}^{os}.$$

En calculant directement la poutre par les moyens ordinaires, on trouve 10998, on voit par cela que le moyen ci-dessus donne une approximation absolument suffisante pour les besoins de la pratique.

POUTRES A CAISSON OU TUBULAIRES

Pour le calcul de leur résistance à la flexion, ces sortes de poutres sont considérées comme des poutres ordinaires, c'est-à-dire n'ayant qu'une âme dont l'épaisseur serait égale à la somme des épaisseurs des deux âmes de la poutre à caisson. —Par conséquent, pour trouver la résistance des *poutres à caissons ou tubulaires*, on opérera à l'aide des tableaux 17 à 24 comme nous venons de l'indiquer.

Si les dispositions de la poutre permettaient le rivetage des 4 cornières intérieures, (et cela a lieu notamment dans les poutres à treillis), on compterait naturellement la résistance due à ces 4 cornières, c'est-à-dire qu'on doublerait les nombres inscrits dans la colonne correspondant à la résistance des 4 cornières.

TABLEAU N° 17

Poutres avec âmes de 200 ᵐ/ᵐ de hauteur

$$\text{VALEUR DE } \frac{I}{n} \text{ POUR}$$

Hauteur totale DES POUTRES	Épaisseur des semelles	Une épaisseur D'AME de 0.001	Une largeur DES SEMELLES de 0.01	LES 4 CORNIÈRES DE				
				$\frac{60 \times 60}{8}$	$\frac{70 \times 70}{9}$	$\frac{80 \times 80}{10}$	$\frac{90 \times 90}{11}$	$\frac{100 \times 100}{12}$
ᵐ/ᵐ 200	ᵐ/ᵐ 0	0.000006666	0	0.000253283	0.000317490	0.000385200	0.000457286	0.000533739
214	7	0.000006230	0.000014021	0.000236710	0.000296439	0.000360000	0.000427370	0.000498824
218	9	0.000006116	0.000018044	0.000232371	0.000291000	0.000353394	0.000419529	0.000489670
220	10	0.000006060	0.000020060	0.000230237	0.000288354	0.000350482	0.000415715	0.000485216
222	11	0.000006006	0.000022080	0.000228483	0.000285756	0.000347027	0.000411970	0.000480846
228	14	0.000005848	0.000028160	0.000222178	0.000278238	0.000337895	0.000401128	0.000468191
232	16	0.000005747	0.000032235	0.000218341	0.000273439	0.000332069	0.000394242	0.000460120
236	18	0.000005649	0.000036329	0.000214644	0.000268805	0.000326441	0.000387530	0.000452320
240	20	0.000005555	0.000040444	0.000211067	0.000264325	0.000321000	0.000381072	0.000444782
244	22	0.000005464	0.000044582	»	0.000259991	0.000315738	0.000374825	0.000437490

TABLEAU N° 17 (suite)

Poutres avec âmes de 200 m/m de hauteur

Hauteur totale des poutres	Épaisseur des semelles	Valeurs de R	Charges uniformément réparties correspondant à une portée de 1ᵐ entre points d'appui (les poutres reposant librement sur les appuis) pour :						
			Une épaisseur d'âme de 0.001	Une largeur des semelles de 0.01	LES 4 CORNIÈRES DE				
					60×60 / 8	70×70 / 9	80×80 / 10	90×90 / 11	100×100 / 12
m/m	m/m	k=	k=	k=	k=	k=	k=	k=	k=
200	0	6	320	0	12157	15223	18490	21949	25619
		8	426	0	16209	20300	24653	29266	34159
		10	533	0	20262	25375	30816	36583	42699
214	7	6	299	673	11362	14229	17280	20514	23943
		8	399	897	15149	18972	23040	27352	31924
		10	499	1122	18936	23715	28800	34190	39906
218	9	6	293	865	11153	13968	16963	20137	23504
		8	391	1154	14871	18624	22617	26849	31339
		10	489	1443	18389	23280	28271	33562	39174
220	10	6	291	963	11052	13840	16808	19954	23290
		8	388	1284	14736	18454	22411	26603	31053
		10	485	1605	18420	23068	28014	33257	38817
222	11	6	288	1060	10952	13716	16637	19774	23080
		8	384	1413	14603	18288	22209	26366	30774
		10	480	1766	18254	22860	27762	32958	38468
228	14	6	280	1351	10604	13334	16219	19254	22473
		8	374	1802	14219	17806	21625	25672	29964
		10	468	2253	17774	22258	27032	32090	37455
232	16	6	276	1547	10481	13125	15939	18922	22086
		8	368	2063	13974	17500	21252	25229	29448
		10	460	2579	17467	21875	26566	31527	36810
236	18	6	271	1744	10303	12902	15669	18602	21711
		8	361	2325	13737	17203	20892	24802	28948
		10	451	2906	17171	21504	26115	31002	36186
240	20	6	266	1941	10131	12688	15408	18292	21349
		8	355	2588	13508	16917	20544	24389	28466
		10	444	3235	16885	21146	25680	30486	35583
244	22	6	261	2140	»	12479	15155	17992	20999
		8	349	2853	»	16639	20207	23989	27999
		10	437	3566	»	20799	25259	29986	34999

TABLEAU N° 18

Poutres avec âmes de 220 $^{m/m}$ de hauteur

VALEUR DE $\dfrac{I}{n}$ POUR LES 4 CORNIÈRES DE

Hauteur totale DES POUTRES	Épaisseur des semelles	Une épaisseur D'AME de 0.001	Une largeur DES SEMELLES de 0.0I	$\dfrac{60 \times 60}{8}$	$\dfrac{70 \times 70}{9}$	$\dfrac{80 \times 80}{10}$	$\dfrac{90 \times 90}{11}$	$\dfrac{100 \times 100}{12}$
m/m	m/m							
220	0	0.0000080667	0	0.000286996	0.000360553	0.000438909	0.000524799	0.000609395
234	7	0.0000073840	0.0000154195	0.000269826	0.000338982	0.000412649	0.000490580	0.000572935
238	9	0.0000074566	0.0000198408	0.000265290	0.000333284	0.000405714	0.000482335	0.000563306
240	10	0.0000073944	0.0000220555	0.000263080	0.000330507	0.000402233	0.000478316	0.000558612
242	11	0.0000073333	0.0000242733	0.000260906	0.000327775	0.000399008	0.000474363	0.000553996
248	14	0.0000071559	0.0000309475	0.000254593	0.000319845	0.000389355	0.000462886	0.000540592
252	16	0.0000070423	0.0000354467	0.000250352	0.000314768	0.000383175	0.000455539	0.000532011
256	18	0.0000069323	0.0000399037	0.000246637	0.000309850	0.000377188	0.000448424	0.000523699
260	20	0.0000068256	0.0000444102	0.000242842	0.000305084	0.000374385	0.000444322	0.000515642
264	22	0.0000067222	0.0000489377	»	0.000300461	0.000365757	0.000434832	0.000507829

TABLEAU N° 18 *(suite)*

Poutres avec âmes de 220 m/m de hauteur

Hauteur totale des poutres	Épaisseur des semelles	Valeurs de R	Une épaisseur d'âme de 0.001	Une largeur des semelles de 0.01	LES 4 CORNIÈRES DE				
					60×60 8	70×70 9	80×80 10	90×90 11	100×100 12
m/m	m/m	kᵒ	kᵒ	kᵒ	kᵒ	kᵒ	kᵒ	kᵒ	kᵒ
220	0	6	387	0	13776	17306	21068	25046	29231
		8	516	0	18368	23075	28090	33393	39002
		10	645	0	22960	28844	35113	41744	48752
234	7	6	364	740	12954	16270	19807	23347	27501
		8	485	986	17268	21694	26409	31396	36668
		10	606	1233	21586	27118	33012	39246	45835
238	9	6	358	952	12733	15997	19474	23151	27038
		8	477	1270	16978	21329	25965	30868	36031
		10	596	1587	21223	26662	32457	38586	45064
240	10	6	355	1058	12627	15864	19312	22959	26813
		8	473	1411	16836	21152	25749	30612	35751
		10	591	1764	21046	26440	32187	38265	44689
242	11	6	352	1163	12523	15733	19152	22769	26592
		8	469	1553	16697	20977	25536	30359	35456
		10	586	1942	20872	26222	31921	37949	44320
248	14	6	344	1485	12220	15352	18688	22218	25948
		8	458	1980	16293	20470	24918	29624	34597
		10	572	2476	20367	25588	31148	37031	43247
252	16	6	338	1700	12026	15109	18392	21865	25536
		8	454	2266	16035	20143	24523	29154	34048
		10	563	2833	20044	25181	30654	36443	42561
256	18	6	332	1915	11838	14872	18103	21524	25137
		8	443	2554	15784	19830	24140	28699	33516
		10	554	3192	19731	24788	30175	35874	41896
260	20	6	328	2131	11650	14644	17826	21103	24751
		8	437	2842	15542	19525	23768	28237	33004
		10	546	3553	19427	24407	29711	35322	41251
264	22	6	323	2349	»	14422	17556	20871	24375
		8	430	3132	»	19229	23408	27828	32500
		10	537	3915	»	24037	29260	34786	24375

TABLEAU N° 19

Poutres avec âmes de 250 m/m de hauteur

Hauteur totale DES POUTRES	Épaisseur des semelles	VALEUR DE $\frac{I}{n}$ POUR		LES 4 CORNIÈRES DE				
		Une épaisseur D'AME de 0.001	Une largeur DES SEMELLES de 0.01	$\frac{60 \times 60}{8}$	$\frac{70 \times 70}{9}$	$\frac{80 \times 80}{10}$	$\frac{90 \times 90}{11}$	$\frac{100 \times 100}{12}$
m/m	m/m							
250	0	0.000010416	0	0.000338204	0.000426740	0.000521360	0.000621522	0.000726934
264	7	0.000009864	0 000047517	0.000320269	0.000404108	0.000493712	0.000588562	0.000688384
268	9	0.000000717	0.000022536	0.000315490	0.000398080	0.000486343	0.000579778	0.000678110
270	10	0.000009645	0.000025049	0.000313152	0.000395130	0.000482741	0.000575483	0.000673087
272	11	0.000009574	0.000027565	0.000310850	0.000392223	0.000479191	0.000571252	0.000668137
278	14	0.000009367	0.000035132	0.000304140	0.000383739	0.000468848	0.000558921	0.000653717
282	16	0.000009235	0.000040194	0.000299826	0.000378344	0.000462199	0.000550993	0.000644444
286	18	0.000009106	0.000045272	0.000295633	0.000373023	0.000455734	0.000543290	0.000635431
290	20	0.000008980	0.000050368	0.000291555	0.000367879	0.000449448	0.000535794	0.000626666
294	22	0.000008858	0.000055483	»	0.000362875	0.000443333	0.000528505	0.000618140

TABLEAU N° 19 *(suite)*

Poutres avec âmes de 250 ᵐ/ᵐ de hauteur

Hauteur totale des poutres	Épaisseur des semelles	VALEURS DE R	Charges uniformément réparties correspondant à une portée de 1ᵐ entre points d'appui (les poutres reposant librement sur les appuis) pour :						
			Une épaisseur d'âme de 0.001	Une largeur des semelles de 0.01	LES 4 CORNIÈRES DE				
					60×60	70×70	80×80	90×90	100×100
					8	9	10	11	12
m/m	m/m	ko	ko	ko	ko	ko	ko	ko	ko
250	0	6	500	0	16234	20483	25027	29833	34892
		8	666	0	21645	27311	33369	39777	46323
		10	832	0	27056	34139	41712	49724	58154
264	7	6	473	841	15373	19397	23698	28251	33043
		8	631	1121	20497	25863	31597	37668	44057
		10	789	1401	25622	32329	39496	47085	55072
268	9	6	467	1081	15144	19108	23344	27829	32549
		8	622	1441	20192	25478	31125	37106	43399
		10	777	1801	25240	31848	38907	46382	54249
270	10	6	464	1202	15032	18966	23171	27624	32308
		8	618	1603	20042	25288	30895	36832	43078
		10	772	2004	25052	31610	38619	46040	53848
272	11	6	460	1323	14920	18826	23002	27420	32071
		8	613	1764	19894	25102	30669	36560	42761
		10	766	2205	24868	31378	38336	45700	53451
278	14	6	449	1686	14599	18424	22504	26827	31378
		8	599	2248	19463	24564	30006	35769	44838
		10	749	2810	24331	30704	37308	44742	52298
282	16	6	443	1929	14391	18159	22186	26448	30933
		8	591	2572	19189	24213	29581	35264	41244
		10	739	3215	23986	30265	36976	44080	51555
286	18	6	436	2173	14190	17905	21874	26078	30500
		8	582	2897	18920	23873	29166	34771	40667
		10	728	3621	23650	29842	36458	43464	50834
290	20	6	430	2447	13994	17658	21374	25718	30081
		8	574	3233	18650	23544	28765	34291	40108
		10	718	4020	23324	29430	35956	42864	50136
294	22	6	425	2664	»	17418	21284	25368	29674
		8	567	3551	»	23224	28374	33824	39564
		10	709	4430	»	29030	35467	42280	49454

TABLEAU N° 20

Poutres avec âmes de 300 ᵐ/ᵐ de hauteur

$$\text{VALEUR DE } \frac{I}{n} \text{ POUR}$$

Hauteur totale DES POUTRES	Épaisseur des semelles	Une épaisseur D'ÂME de 0.001	Une largeur DES SEMELLES de 0.01	LES 4 CORNIÈRES DE				
				$\dfrac{60 \times 60}{8}$	$\dfrac{70 \times 70}{9}$	$\dfrac{80 \times 80}{10}$	$\dfrac{90 \times 90}{11}$	$\dfrac{100 \times 100}{12}$
m/m	m/m							
300	0	0.0000150000	0	0.000424685	0.000539071	0.000662133	0.000792979	0.001080930
314	7	0.0000143312	0.0000210150	0.000405748	0.000513036	0.000632012	0.000757623	0.000889424
318	9	0.0000141510	0.0000270305	0.000400646	0.000508560	0.000624635	0.000748094	0.000878237
320	10	0.0000140625	0.0000300420	0.000398142	0.000505379	0.000620750	0.000743418	0.000872748
322	11	0.0000139752	0.0000330550	0.000395668	0.000502240	0.000616893	0.000738800	0.000867326
328	14	0.0000137195	0.0000421120	0.000388430	0.000493053	0.000605610	0.000725286	0.000851460
332	16	0.0000135542	0.0000481640	0.000383753	0.000487113	0.000598314	0.000716548	0.000841210
336	18	0.0000133930	0.0000542300	0.000379184	0.000481314	0.000591304	0.000708017	0.000831190
340	20	0.0000132353	0.0000603140	0.000374723	0.000475651	0.000584236	0.000699687	0.000821409
344	22	0.0000130814	0.0000664130	»	0.000470121	0.000577442	0.000691531	0.000811860

TABLEAU N° 20 *(suite)*

Poutres avec âmes de 300 ᵐ/ᵐ de hauteur

Hauteur totale des poutres	Épaisseur des semelles	VALEURS DE R	Charges uniformément réparties correspondant à une portée de 1ᵐ entre points d'appui (les poutres reposant librement sur les appuis) pour :						
			Une épaisseur D'AME de 0.001	Une largeur des SEMELLES de 0.01	LES 4 CORNIÈRES DE				
					60×60 8	70×70 9	80×80 10	90×90 11	100×100 12
m/m	m/m	k°	k°	k°	k°	k°	k°	k°	k°
300	0	6	720	0	20385	25876	31782	38054	54882
		8	960	0	27180	34502	42376	50739	69177
		10	1200	0	33975	43128	52970	63424	86472
314	7	6	688	1009	19476	24721	30305	34365	42694
		8	917	1345	25968	32962	40487	48487	56924
		10	1146	1681	32460	41203	50609	60609	71153
318	9	6	679	1297	19231	24411	29983	35908	42135
		8	905	1729	24641	32548	39978	47878	56207
		10	1132	2162	32051	40685	49973	59848	70259
320	10	6	675	1441	19111	24258	29796	35683	41892
		8	900	1922	23481	32344	39728	45578	55856
		10	1125	2403	31851	40430	49660	59473	69820
322	11	6	671	1586	18992	24107	29616	35462	41630
		8	894	2115	25323	32143	39488	47283	55508
		10	1118	2644	34654	40179	49360	59404	69380
328	14	6	639	2021	18644	23606	29069	34844	40868
		8	878	2695	24859	31555	38759	46418	54492
		10	1098	3369	31074	39444	48449	58023	68116
332	16	6	650	2312	18420	23384	28719	34394	40376
		8	867	3083	24560	31475	38292	45859	53836
		10	1084	3854	30700	38969	47865	57324	67296
336	18	6	643	2602	18201	23103	28382	33984	39897
		8	857	3470	24268	30804	37843	45312	53196
		10	1071	4338	30335	38505	47304	56641	66496
340	20	6	635	2895	17986	22830	28043	33385	39427
		8	847	3860	23982	30441	37391	44780	52569
		10	1039	4825	29978	38052	46739	55975	65712
344	22	6	628	3187	»	22566	27717	33194	38968
		8	837	4250	»	30088	36956	44259	51958
		10	1046	5313	»	37610	46195	55324	64948

TABLEAU N° 21

Poutres avec âmes de 350 m/m de hauteur

$$\text{VALEUR DE } \frac{I}{n} \text{ POUR}$$

Hauteur totale DES POUTRES	Épaisseur des semelles	Une épaisseur D'AME de 0.001	Une largeur DES SEMELLES de 0.01	LES 4 CORNIÈRES DE				
				$\frac{60 \times 60}{8}$	$\frac{70 \times 70}{9}$	$\frac{80 \times 80}{10}$	$\frac{90 \times 90}{11}$	$\frac{100 \times 100}{12}$
m/m	m/m							
350	0	0.0000204167	0	0.000512037	0.000652995	0.000805343	0.000968562	0.001141100
364	7	0.0000196314	0.0000245120	0.000492363	0.000627880	0.000774560	0.000931340	0.001097210
368	9	0.0000194180	0.0000345264	0.000487011	0.000624055	0.000766444	0.000921187	0.001085280
370	10	0.0000193131	0.0000350360	0.000484378	0.000617698	0.000762000	0.000916208	0.001079420
372	11	0.0000192092	0.0000385480	0.000481774	0.000614377	0.000757903	0.000911282	0.001073610
378	14	0.0000189043	0.0000490963	0.000474127	0.000604625	0.000745873	0.000896817	0.001056580
382	16	0.0000187064	0.0000561430	0.000469162	0.000598294	0.000738063	0.000887426	0.001045309
386	18	0.0000185125	0.0000632014	0.000464209	0.000592004	0.000730413	0.000878230	0.001034680
390	20	0.0000183226	0.0000702735	0.000459538	0.000586020	0.000722923	0.000869223	0.001024000
394	22	0.0000181366	0.0000773603	»	0.000580073	0.000715584	0.000860398	0.001013670

TABLEAU N° 21 *(Suite)*

Poutres avec âmes de 350 ᵐ/ᵐ de hauteur

Hauteur totale DES POUTRES	Épaisseur des semelles	VALEURS DE R	Une épaisseur D'ÂME de 0.001	Une largeur des SEMELLES de 0.01	60×60 8	70×70 9	80×80 10	90×90 11	100×100 12
ᵐ/ᵐ	ᵐ/ᵐ	kᵒ	kᵒ	kᵒ	kᵒ	kᵒ	kᵒ	kᵒ	kᵒ
350	0	6	979	0	24578	31343	38665	46491	54772
		8	1306	0	32771	41791	51554	61988	73030
		10	1633	0	40964	52239	64443	77485	91288
364	7	6	943	1177	23632	30138	37178	44703	52664
		8	1257	1569	31510	40184	49571	59604	70220
		10	1571	1961	39388	50230	61964	74505	87776
368	9	6	932	1543	23376	29810	36775	44217	52092
		8	1242	2017	31168	39747	49033	58956	69457
		10	1553	2523	38960	49684	61294	73695	86822
370	10	6	927	1682	23250	29648	36576	43976	51811
		8	1236	2242	31000	39532	48768	58636	69082
		10	1545	2803	38730	49416	60960	73296	86353
372	11	6	923	1850	23125	29490	36379	43742	51533
		8	1230	2467	30833	39320	48505	58322	68711
		10	1537	3084	38541	49150	60632	72902	85889
378	14	6	907	2356	22758	29021	35801	43647	50714
		8	1210	3141	30344	38695	47735	57396	67620
		10	1512	3927	37930	48369	59669	71745	84526
382	16	6	898	2695	22519	28747	35426	42596	50185
		8	1197	3593	30026	38290	47235	56795	66913
		10	1496	4491	37533	47863	59044	70994	83641
386	18	6	889	3034	22281	28419	35059	42154	49664
		8	1185	4045	29708	37893	46746	56206	66219
		10	1481	5056	37136	47367	58433	70258	82774
390	20	6	880	3373	22057	28129	34699	41721	49155
		8	1173	4498	29410	37503	46266	55629	65540
		10	1466	5622	36763	46882	57833	69337	81925
394	22	6	871	3713	»	27843	34346	41300	48655
		8	1161	4951	»	37124	45796	55066	64874
		10	1451	6189	»	46406	57246	68832	81093

TABLEAU N° 22

Poutres avec âmes de 400 m/m de hauteur

VALEUR DE $\dfrac{\mathrm{I}}{n}$ POUR

Hauteur totale DES POUTRES	Épaisseur des semelles	Une épaisseur D'AME de 1.001	Une largeur DES SEMELLES de 0.01	LES 4 CORNIÈRES DE $\dfrac{60 \times 60}{8}$	$\dfrac{70 \times 70}{9}$	$\dfrac{80 \times 80}{10}$	$\dfrac{90 \times 90}{11}$	$\dfrac{100 \times 100}{12}$
m/m	m/m							
400	0	0.0000266667	0	0.000589985	0.000767913	0.000950600	0.001146725	0.001355125
414	7	0.0000257649	0.0000280111	0.000579697	0.000741944	0.000918454	0.001107950	0.001309300
418	9	0.0000255183	0.0000360230	0.000574149	0.000734845	0.000909663	0.001097350	0.001296778
420	10	0.0000253968	0.0000400320	0.000571415	0.000731345	0.000905333	0.001092120	0.001290500
422	11	0.0000252765	0.0000440421	0.000568707	0.000727879	0.000901043	0.001086944	0.001284480
428	14	0.0000249221	0.0000560854	0.000560734	0.000717676	0.000888411	0.001071706	0.001266473
432	16	0.0000246936	0.0000641260	0.000555343	0.000711030	0.000880185	0.001061782	0.001254740
436	18	0.0000244648	0.0000721784	0.000550443	0.000704507	0.000872110	0.001052041	0.001243235
440	20	0.0000242424	0.0000802420	0.000545441	0.000698102	0.000864182	0.001042478	0.001231932
444	22	0.0000240240	0.0000883194	»	0.000691843	0.000856397	0.001033090	0.001220840

TABLEAU N° 22 *(suite)*

Poutres avec âmes de 400 $^{m/m}$ de hauteur

Hauteur totale des poutres	Épaisseur des semelles	Valeurs de R	Charges uniformément réparties correspondant à une portée de 1^m entre points d'appui (les poutres reposant librement sur les appuis) pour :						
			Une épaisseur d'âme de 0.001	Une largeur des semelles de 0.01	LES 4 CORNIÈRES DE				
					60×60	70×70	80×80	90×90	100×100
					8	9	10	11	12
m/m	m/m	k°	k°	k°	k°	k°	k°	k°	k°
400	0	6	1280	0	28799	36859	45628	55042	65046
		8	1707	0	38399	49146	60838	73390	86728
		10	2134	0	47999	61433	76048	91728	108410
414	7	6	1237	1344	27824	35613	45084	53480	62846
		8	1649	1792	37400	47484	58780	70908	83795
		10	2061	2241	46376	59355	73476	88636	104744
418	9	6	1225	1729	27559	35272	43663	52672	62245
		8	1634	2305	36745	47030	58218	70230	82993
		10	2042	2881	43932	58788	72773	87788	103742
420	10	6	1219	1922	27427	35104	43454	52427	61948
		8	1625	2562	36570	46806	57940	69363	82598
		10	2032	3202	45713	58308	72426	87379	103248
422	11	6	1213	2115	27296	34938	43249	52173	64654
		8	1618	2819	36396	46584	57686	69564	82206
		10	2022	3524	45496	58230	72083	86955	102758
428	14	6	1196	2692	26914	34448	42643	54441	60790
		8	1595	3590	35886	45934	56858	68589	81054
		10	1994	4488	44858	57414	71073	85737	101318
432	16	6	1183	3078	26665	34129	42249	50965	60227
		8	1580	4104	35554	45505	56332	67953	80303
		10	1975	5130	44443	56882	70415	84942	100379
436	18	6	1174	3464	26421	33816	41861	50497	59675
		8	1566	4619	35228	45088	55815	67330	79567
		10	1957	5774	44036	56360	69769	84163	99459
440	20	6	1163	3853	26181	33508	41480	50038	59132
		8	1551	5133	34908	44678	55307	66718	78843
		10	1939	6419	43635	55848	69134	83398	98554
444	22	6	1153	4240	»	33207	41107	49587	58599
		8	1538	5653	»	44276	54809	66117	78133
		10	1922	7066	»	55345	68512	82647	97667

TABLEAU N° 23

Poutres avec âmes de 450 $^m/_m$ de hauteur

$$\text{VALEUR DE } \frac{I}{n} \text{ POUR}$$

Hauteur totale DES POUTRES	Épaisseur des semelles	Une épaisseur D'AME de 0.001	Une largeur DES SEMELLES de 0.01	LES 4 CORNIÈRES DE				
				$\dfrac{60 \times 60}{8}$	$\dfrac{70 \times 70}{9}$	$\dfrac{80 \times 80}{10}$	$\dfrac{90 \times 90}{11}$	$\dfrac{100 \times 100}{12}$
$^m/_m$ 450	$^m/_m$ 0	0.0000337500	0	0.000688286	0.000883493	0.001096760	0.001326605	0.001571724
464	7	0.0000327317	0.0000313100	0.000667518	0.000856836	0.001066160	0.001286580	0.001524300
468	9	0.0000324520	0.0000405210	0.000661813	0.000849512	0.001034570	0.001273580	0.001511270
470	10	0.0000323138	0.0000450280	0.000658997	0.000843898	0.001050090	0.001270100	0.001504830
472	11	0.0000321770	0.0000493378	0.000656203	0.000842313	0.001045636	0.001264770	0.001498460
478	14	0.0000317730	0.0000630756	0.000647968	0.000831740	0.001032520	0.001248900	0.001479670
482	16	0.0000315093	0.0000721130	0.000642591	0.000824838	0.001023940	0.001238540	0.001467378
486	18	0.0000312500	0.0000811600	0.000637300	0.000818049	0.001015314	0.001228340	0.001455300
490	20	0.0000309949	0.0000902180	0.000632100	0.000811374	0.001007224	0.001218340	0.001443420
494	22	0.0000307432	0.0000992874	»	0.000804802	0.000999070	0.001208450	0.001431735

TABLEAU N° 23 *(suite)*

Poutres avec âmes de 450 ᵐ/ᵐ de hauteur

Charges uniformément réparties correspondant à une portée de 1ᵐ entre points d'appui (les poutres reposant librement sur les appuis) pour :

Hauteur totale DES POUTRES	Épaisseur des semelles	VALEURS DE R	Une épaisseur D'AME de 0.001	Une largeur des SEMELLES de 0.01	LES 4 CORNIÈRES DE				
					60×60 8	70×70 9	80×80 10	90×90 11	100×100 12
m/m	m/m	k°	k°	k°	k°	k°	k°	k°	k°
450	0	6	1620	0	33037	42407	52645	63677	75442
		8	2160	0	44050	56543	70193	84903	100590
		10	2700	0	55063	70679	87741	106129	125738
464	7	6	1371	1343	32041	41128	51175	64756	73166
		8	2095	2017	42721	54837	68234	82341	97555
		10	2618	2521	53402	68547	85293	102926	121944
468	9	6	1558	1943	31767	40776	50619	61228	72541
		8	2077	2593	42356	54368	67492	81637	96721
		10	2596	3242	52945	67961	84365	102046	120901
470	10	6	1351	2162	31632	40603	50403	60987	72232
		8	2068	2882	42176	54137	67206	81290	96310
		10	2585	3602	52720	67672	84008	101013	120388
472	11	6	1344	2378	31498	40431	50491	60709	71926
		8	2059	3171	41997	53908	66921	80945	95901
		10	2574	3963	52496	67385	83651	101182	119877
478	14	6	1525	3028	31102	39923	49561	59947	71024
		8	2034	4037	41469	53234	66084	79929	94699
		10	2542	5046	51837	66539	82504	99942	118374
482	16	6	1513	3461	30844	39592	49149	59449	70434
		8	2017	4615	41123	52789	65532	79266	93912
		10	2521	5769	51407	65987	81915	99083	117390
486	18	6	1500	3896	30590	39266	48745	58960	69854
		8	2000	5194	40787	52355	64993	78613	93139
		10	2500	6493	50984	65444	81241	98267	116424
490	20	6	1488	4330	30340	38946	48346	58479	69284
		8	1984	5774	40454	51928	64462	77972	92379
		10	2480	7217	50568	64910	80578	97465	115474
494	22	6	1473	4766	»	28030	47953	58005	68723
		8	1967	6354	»	51307	62940	77340	91631
		10	2459	7943	»	64384	79925	95676	114539

TABLEAU N° 24

Poutres avec âmes de 500 ᵐ/ₘ de hauteur

VALEUR DE $\dfrac{I}{n}$ POUR LES 4 CORNIÈRES DE .

Hauteur totale DES POUTRES	Épaisseur des semelles	Une épaisseur D'AME de 0.001	Une largeur DES SEMELLES de 0.01	$\dfrac{60 \times 60}{8}$	$\dfrac{70 \times 70}{9}$	$\dfrac{80 \times 80}{10}$	$\dfrac{90 \times 90}{11}$	$\dfrac{100 \times 100}{12}$
m/m 500	m/m 0	0.0000416667	0	0.000776846	0.000999537	0.001243680	0.001507692	0.001790123
514	7	0.0000405317	0.0000350079	0.000755687	0.000972312	0.001209806	0.001466627	0.001741365
518	9	0.0000402188	0.0000450188	0.000749851	0.000964804	0.001200464	0.001455302	0.001727916
520	10	0.0000400044	0.0000500256	0.000746967	0.000961093	0.001195846	0.001449705	0.001721272
522	11	0.0000399106	0.0000550350	0.000744105	0.000957411	0.001191260	0.001444150	0.001714660
528	14	0.0000394571	0.0000700693	0.000735650	0.000946531	0.001177727	0.001427740	0.001695192
532	16	0.0000391604	0.0000801027	0.000746967	0.000939415	0.001168872	0.001417020	0.001682446
536	18	0.0000388682	0.0000901451	0.000730118	0.000932404	0.001160148	0.001406430	0.001669890
540	20	0.0000385803	0.0001001975	0.000724670	0.000925500	0.001151560	0.001396012	0.001657521
544	22	0.0000382906	0.0001102610	»	0.000918694	0.001143088	0.001385747	0.001643332

TABLEAU N° 24 *(suite)*

Poutres avec âmes de 500 m/m de hauteur

Hauteur totale DES POUTRES	Épaisseur des semelles	VALEURS DE R	Une épaisseur D'AME de 0.001	Une largeur des SEMELLES de 0 01	LES 4 CORNIÈRES DE				
					60×60 8	70×70 9	80×80 10	90×90 11	100×100 12
m/m	m/m	k⁰	k⁰	k⁰	k⁰	k⁰	k⁰	k⁰	k⁰
500	0	6	2000	0	37288	47977	59696	72369	85926
		8	2666	0	49748	63970	79585	96492	114568
		10	3333	0	62148	79963	99494	120615	143210
514	7	6	1945	1681	36273	46671	58071	70398	83585
		8	2594	2241	48364	62228	77428	93864	111447
		10	3242	2801	60455	77785	96785	117330	139309
518	9	6	1930	2161	35992	46310	57622	69854	82939
		8	2564	2881	47990	61747	76829	93139	110386
		10	3217	3601	59988	77184	96037	116424	138233
520	10	6	1923	2401	35854	46132	57400	69585	82621
		8	2594	3201	47805	61509	76534	92780	110101
		10	3205	4001	59757	76887	95668	115976	137702
522	11	6	1916	2641	35716	45953	57181	69192	82303
		8	2554	3522	47622	61274	76241	92256	109738
		10	3193	4403	59528	76593	95301	115320	137173
528	14	6	1894	3363	35311	45433	56530	68531	81369
		8	2325	4484	47081	60577	75374	91375	108492
		10	3156	5605	58852	75722	94218	114219	135615
532	16	6	1880	3844	35854	43091	56106	68017	80737
		8	2506	5126	47805	60122	74808	90689	107676
		10	3133	6408	59757	75453	93510	113362	134596
536	18	6	1865	4327	33045	44735	53687	67308	80133
		8	2487	5769	46727	59673	74249	90041	106873
		10	3109	7212	58409	74592	92812	112514	133591
540	20	6	1852	4809	34784	44424	55275	67008	79561
		8	2469	6412	46379	59232	73700	89344	106081
		10	3086	8016	57974	74040	92135	111681	132601
544	22	6	1828	5292	»	44097	54868	66515	78975
		8	2451	7056	»	58796	73157	88687	105300
		10	3064	8821	»	73496	91447	110850	131626

DIFFÉRENTES RÉPARTITIONS DE LA CHARGE

sur les solides soumis à la flexion
ramenées au cas d'une charge équivalente uniformément répartie.

Dans tout ce qui précède, nous avons toujours considéré le cas particulier d'une charge uniformément répartie sur la totalité du support ; ce cas est, en effet, celui qu'on rencontre le plus souvent, notamment dans les planchers; mais il en est d'autres que nous allons examiner successivement en donnant, à l'aide de tableaux et de règles pratiques le moyen de transformer ces charges en charges uniformément réparties équivalentes, permettant de se servir des tableaux et des règles relatifs à la résistance des fers à **I**, des fers carrés et méplats et des poutres en tôle et cornières, que nous avons donnés précédemment.

1ᵉʳ CAS. — Une charge unique au milieu de la pièce.
(Exemples : une colonne posée au milieu d'un poitrail, une cloison posée au milieu d'un plancher) : Dans ce cas la charge uniformément répartie équivalente est le double de la charge placée au milieu.

EXEMPLE :

Quel fer **I** *devra-t-on employer pour supporter un poids de 1000 kilos au milieu d'une portée de 5 mètres, le fer devant travailler à 8 kilos?*

D'après ce que nous venons de dire, la charge uniformément répartie égale à cette charge au milieu sera :

$$1000 \times 2 = 2000$$

Appliquons la règle 2, c'est-à-dire multiplions 2000 par 5 m., on a 10000 k. que nous chercherons dans les tableaux 1 et 2, nous trouvons : tableau n° 1 en face les valeurs R = 8, le nombre, 9964, approché par défaut, qui indique qu'il faudra un fer **I** de 20.

2ᵉ CAS. — Une charge unique placée arbitrairement sur la pièce. *(Exemples : une colonne, un chevêtre sur une enchevêtrure, une cloison en travers d'un plancher, etc.)*

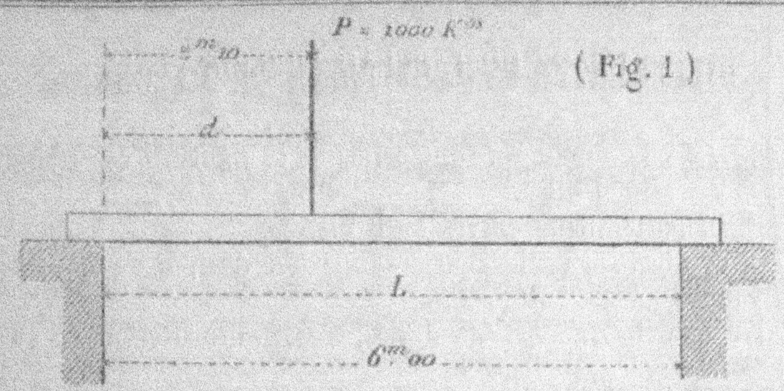

Dans ce cas, la pièce sera d'autant plus fatiguée que le point d'application du poids qu'elle supporte s'éloignera des points d'appui, en sorte que le maximum dû à la position de la charge P a lieu quand ce poids se trouve au milieu (*c'est-à-dire comme dans le premier cas*).

Le tableau n° 25 ci-après donne, pour une série de positions résultant du rapport $\dfrac{d}{L}$ (*la distance du point d'application de la charge divisée par la longueur de la portée dans œuvre*) les facteurs par lesquels il faut multiplier la charge P donnée pour la convertir en une charge équivalente uniformément répartie sur la longueur totale de la pièce; on calculera alors la résistance de la pièce à l'aide des tableaux et des règles à l'appui donnés précédemment.

TABLEAU N° 25

Conversion d'une charge unique placée arbitrairement sur une pièce posant librement sur 2 appuis, en une charge équivalente uniformément répartie sur la longueur totale de la portée.

Rapport de la distance du point d'application de la charge au point d'appui le plus rapproché ou valeur de $\dfrac{d}{L}$	Facteurs par lesquels la charge doit être multipliée.
0.05	0.38
0.075	0.55
0.10	0.72
0.125	0.875
0.15	1.02
0.175	1.155
0.20	1.28
0.225	1.395
0.25	1.50
0.275	1.595
0.30	1.68
0.325	1.755
0.35	1.82
0.375	1.875
0.40	1.92
0.425	1.955
0.45	1.98
0.475	1.995
0.50	2.00

USAGE DU TABLEAU PRÉCÉDENT

EXEMPLE : Les données sont celles de la figure, c'est-à-dire :

P = 1000 kilos.

L, portée dans œuvre = 6 mètres.

d, distance de la charge au point d'appui de la pièce le plus rapproché = 2^{m}10.

Cherchons le rapport de d à L, c'est-à-dire divisons d par L ou $\dfrac{2^m10}{6^m00} = 0^m35$.

Cherchons ce nombre dans la colonne $\dfrac{d}{L}$, nous voyons en regard 1,82 qui est le facteur par lequel il faut multiplier la charge 1000 pour avoir la charge uniformément répartie équivalente, c'est-à-dire

$$1000 \times 1,82 = 1820 \text{ k.}$$

Il n'y a plus qu'à opérer à l'aide de la règle 2, la question étant ramenée au cas d'une charge uniformément répartie.

OBSERVATION. — Lorsque le quotient de la division de $\dfrac{d}{L}$ donnera un nombre qui n'est pas dans le tableau, on pourra : ou prendre le nombre immédiatement supérieur, et, dans ce cas, on obtiendra une charge répartie un peu plus forte, et, par suite, un excès de sécurité, ou déterminer le facteur proportionnellement aux deux nombres les plus rapprochés en plus et en moins.

3ᵉ CAS. — Charge uniformément répartie sur une portion de la pièce et dans une position quelconque.

(Exemple : un trumeau en maçonnerie sur un poitrail.

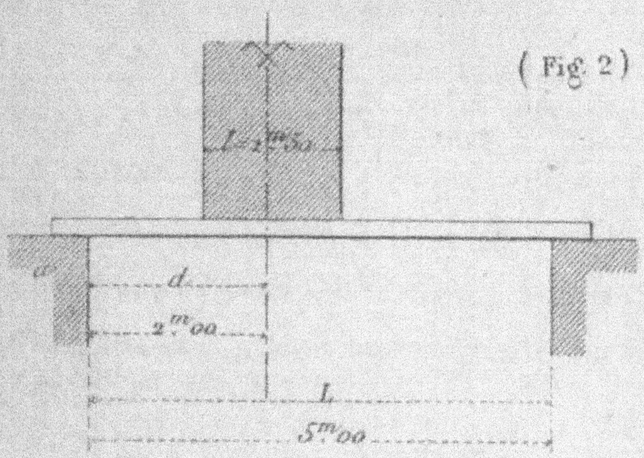

(Fig. 2)

Dans ce cas, l'effort exercé par la charge dépend de sa position sur la solive et de son étendue; la position est déterminée par la distance de l'axe de la charge au point d'appui de la pièce le plus rapproché.

Le tableau suivant sert à ramener ce cas à celui d'une charge équivalente uniformément répartie sur la longueur totale de la portée.

TABLEAU N° 26

Pour la conversion d'une charge uniformément répartie occupant arbitrairement une position quelconque sur une pièce — en une charge équivalente uniformément répartie sur la totalité de la dite pièce.

Rapport de la longueur occupée par la charge (l) à la longueur de la portée dans œuvre de la pièce (L) ou valeur de $\frac{l}{L}$.

Rapport de la distance (d) à la portée (L), ou valeur de $\frac{d}{L}$	0.05	0.10	0.15	0.20	0.25	0.30	0.35	0.40	0.45	0.50	0.55	0.60	0.65	0.70	0.75	0.80	0.85	0.90	0.95	1.00
0.05	0.371	0.351	»	»	»	»	»	»	»	»	»	»	»	»	»	»	»	»	»	»
0.075	0.541	0.527	0.513	»	»	»	»	»	»	»	»	»	»	»	»	»	»	»	»	»
0.10	0.702	0.684	0.666	0.648	»	»	»	»	»	»	»	»	»	»	»	»	»	»	»	»
0.125	0.853	0.832	0.809	0.787	0.763	»	»	»	»	»	»	»	»	»	»	»	»	»	»	»
0.15	0.995	0.969	0.944	0.918	0.893	0.867	»	»	»	»	»	»	»	»	»	»	»	»	»	»
0.175	1.126	1.097	1.068	1.039	1.011	0.981	0.952	»	»	»	»	»	»	»	»	»	»	»	»	»
0.20	1.248	1.216	1.184	1.152	1.120	1.088	1.056	1.024	»	»	»	»	»	»	»	»	»	»	»	»
0.225	1.359	1.325	1.290	1.255	1.220	1.185	1.151	1.115	1.080	»	»	»	»	»	»	»	»	»	»	»
0.25	1.463	1.425	1.388	1.350	1.313	1.275	1.238	1.200	1.163	1.125	»	»	»	»	»	»	»	»	»	»
0.275	1.554	1.515	1.475	1.435	1.395	1.355	1.316	1.275	1.236	1.197	1.156	»	»	»	»	»	»	»	»	»
0.30	1.638	1.596	1.554	1.512	1.470	1.428	1.386	1.344	1.302	1.260	1.218	1.176	»	»	»	»	»	»	»	»
0.325	1.711	1.667	1.623	1.579	1.535	1.491	1.447	1.404	1.360	1.316	1.272	1.229	1.185	»	»	»	»	»	»	»
0.35	1.775	1.729	1.684	1.638	1.592	1.547	1.502	1.456	1.411	1.365	1.320	1.274	1.229	1.183	»	»	»	»	»	»
0.375	1.828	1.781	1.734	1.687	1.640	1.593	1.546	1.500	1.453	1.406	1.359	1.312	1.265	1.218	1.171	»	»	»	»	»
0.40	1.872	1.824	1.776	1.728	1.680	1.632	1.584	1.536	1.488	1.440	1.392	1.344	1.296	1.248	1.200	1.152	»	»	»	»
0.425	1.906	1.857	1.808	1.759	1.710	1.661	1.613	1.564	1.515	1.466	1.417	1.368	1.319	1.271	1.220	1.172	1.123	»	»	»
0.45	1.930	1.880	1.831	1.782	1.732	1.683	1.633	1.584	1.534	1.485	1.435	1.386	1.336	1.287	1.237	1.188	1.138	1.089	»	»
0.475	1.945	1.895	1.845	1.795	1.745	1.695	1.645	1.595	1.545	1.496	1.446	1.396	1.346	1.296	1.247	1.197	1.147	1.097	1.047	»
0.50	1.950	1.900	1.850	1.800	1.750	1.700	1.650	1.600	1.550	1.500	1.450	1.400	1.350	1.300	1.250	1.200	1.150	1.100	1.050	1.000

USAGE DU TABLEAU N° 26

La première colonne verticale contient le rapport $\dfrac{d}{L}$ (exprimé en fractions décimales de la portée) de la distance d (*ou de l'axe de la charge au point d'appui a (fig. 2) le plus rapproché*) à la longueur totale de cette portée, ou le quotient de d divisé par L.

La première colonne horizontale contient pour 20 fractions de la portée le rapport de la longueur de la charge (l) à la longueur totale de la portée, autrement dire le quotient de l divisé par L ayant déterminé les deux quotients, on les cherchera dans leur colonne respective ; à l'intersection des colonnes verticales et horizontales correspondantes se trouve le facteur par lequel on devra multiplier la charge donnée pour la convertir en une charge équivalente uniformément répartie sur la totalité de la pièce.

EXEMPLE. — *Une poutre de 5 mètres de portée dans œuvre supporte un trumeau ayant 1^m50 de largeur et pesant 5000 kilogrammes. L'axe de ce trumeau est à 2 mètres du point d'appui le plus rapproché (fig. 2). On veut savoir quelle est la charge uniformément répartie, sur la totalité de la poutre équivalente, à celle de ce trumeau ?*

Les données sont celles-ci :
$$L = 5^m00$$
$$d = 2^m00$$
$$P = 5000 \text{ kilos}$$
$$l = 1^m50$$

1° Déterminons le rapport $\dfrac{l}{L}$ ou $\dfrac{1^m50}{5^m00} = 0,30$ que nous chercherons dans la colonne horizontale.

2° Le rapport $\dfrac{d}{L}$ ou $\dfrac{2}{5} = 0,40$ que nous chercherons dans la première colonne verticale.

A l'intersection des colonnes correspondant à 0,30 et à 0,40, on trouve le nombre 1,632 qui, multiplié par 5000, donne 8160 k. pour la charge uniformément répartie qu'on substituera dans le calcul de la résistance de la poutre à la charge du trumeau.

4° CAS. — **Deux charges égales reposant en deux points également distants de l'axe de la pièce. —**

(Exemple : Deux colonnes, deux chevêtres sur une enchevêtrure, deux cloisons sur les solives d'un plancher, etc.)

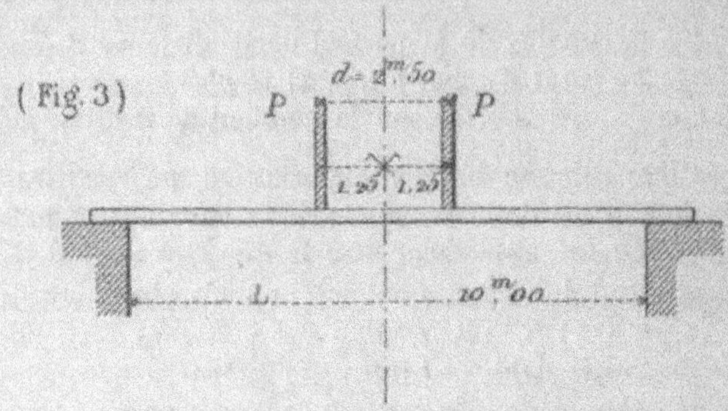

Le calcul de la charge dépend dans ce cas de l'écartement des points d'application des deux poids par rapport à la longueur de la portée, c'est-à-dire le quotient de la distance d divisé par la longueur L.

Le tableau n° 27 donne les facteurs correspondant à ce quotient pour une série de positions variant de 0,05 en 0,05, facteurs par lesquels on devra multiplier les deux poids $p + p$ ou $2p$ pour les convertir en une charge équivalente uniformément répartie sur la totalité de la pièce.

TABLEAU N° 27

Pour la conversion de la charge due à 2 poids égaux placés à égale distance du milieu de la pièce en une charge équivalente uniformément répartie sur la totalité de la portée de cette pièce.

Facteurs par lesquels on doit multiplier la charge due aux poids ($2\,p$)																			
0.10	0.20	0.30	0.40	0.50	0.60	0.70	0.80	0.90	1.00	1.10	1.20	1.30	1.40	1.50	1.60	1.70	1.80	1.90	2.00
0.95	0.90	0.85	0.80	0.75	0.70	0.65	0.60	0.55	0.50	0.45	0.40	0.35	0.30	0.25	0.20	0.15	0.10	0.05	0.00

Rapport de la distance (d) entre les 2 points d'application des poids égaux (p) à la longueur (L) de la portée, ou valeur de $\dfrac{d}{L}$

On voit que quand le rapport $\dfrac{d}{L} = 0$ (c'est-à-dire quand les deux supports se confondent) le poids est à multiplier par 2 comme dans le cas n° 1 (*un poids unique placé au milieu*).

USAGE DU TABLEAU N° 27

On demande la charge uniformément répartie équivalente à deux poids égaux de chacun 2000 kilos placés dans les conditions de la figure 3?

Les données sont celles-ci :

$$P = 2000 \text{ kilos}$$
$$\text{Donc } 2\,p = 4000 \ —$$
$$d = 2^{m}50$$
$$L = 10^{m}00$$

Cherchons le rapport $\dfrac{d}{L}$ ou le quotient de la division de $2^{m}50$ par $10^{m}00$.

$$\text{soit } \frac{2^{m}50}{10.00} = 0,25.$$

Cherchons 0,25 dans la première colonne, nous trouvons en regard le facteur 1,50, qui indique qu'il faut multiplier la charge $2\,p$ ou 4000 par 1,50.

Soit $4000 \times 1,50 = 6000$ qui est la charge uniformément répartie équivalente à $2\,p$ en raison de laquelle on devra calculer la résistance de la pièce en se servant des règles et des tableaux précédents.

Observation. — Si le quotient de $\dfrac{d}{L}$ ne se trouvait pas dans le tableau, on prendrait une moyenne entre les deux nombres qui s'en rapprochent le plus, ainsi que nous l'avons dit précédemment.

Le tableau n° 3 peut être appliqué au

5ᵉ CAS. — Deux charges égales réparties sur deux longueurs égales placées symétriquement par rapport au milieu de la pièce. — En considérant chacune des deux charges comme agissant en un seul point qui serait le milieu de la longueur occupée par ces charges sur la pièce.

(Fig. 4)

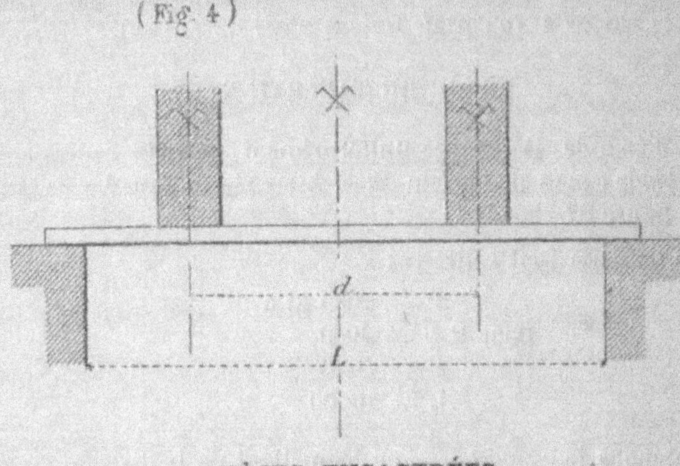

PIÈCES ENCASTRÉES

—

On dit qu'une pièce est encastrée lorsque son extrémité ou ses extrémités sont assujetties de façon à ce que les fibres restent toujours invariables, quelle que soit la flexion que prenne la pièce.

Cette condition n'est, pour ainsi dire, jamais atteinte dans les scellements des pièces tels qu'ils sont faits dans les bâtiments; nous conseillerons donc de toujours considérer les pièces comme posées librement sur leurs extrémités.

Néanmoins, si par la longueur de la portée sur les murs et par le soin mis à faire les scellements, ou encore à l'aide d'assemblages spéciaux, on arrivait à réaliser l'encastrement, on appliquerait au calcul des pièces les principes suivants :

1° La charge uniformément répartie portée par une pièce encastrée à ses deux extrémités est de 1/3 plus grande que celle portée par la même pièce posant librement; et la flèche prise par la pièce encastrée n'est que le 1/5 de celle qu'elle prendrait dans l'autre cas. — La section dangereuse sur laquelle doit être calculée la pièce se trouve aux points d'encastrement.

2° Lorsqu'une pièce a l'une de ses extrémités encastrée et l'autre posant librement sur un appui, la section dangereuse se trouve au point d'encastrement et la pièce doit être calculée comme si elle reposait librement sur deux appuis.

Pièces encastrées par une extrémité et libre de l'autre. *(La section dangereuse dans les cas suivants est au point d'encastrement.)*

1er CAS. — **Pièce encastrée d'un bout et supportant un poids P à l'extrémité libre.**

La résistance d'une pièce dans ces conditions est égale à celle d'une pièce de même portée qui, reposant librement sur deux appuis, serait chargée d'un poids uniformément réparti, égale à 8 fois le poids P.

EXEMPLE. — On demande quel est le fer à I, encastré par l'une de ses extrémités qui, travaillant à 6 kilos, peut porter à son extré-mité libre un poids de 225 kilos, la portée de ce fer étant de 2 m.

D'après ce que nous venons de dire, la question revient à cher-cher le fer I pouvant porter

$$225 \times 8 = 1800 \text{ kil. pour 2 mètres dans œuvre.}$$

Appliquons la règle 2; on a alors

$$1800 \times 2 = 3600 \text{ kil. à 1 mètre}$$

Cherchons dans les tableaux 1 et 2, nous trouvons (tableau 1) le fer I 16, portant 3604 kilos à 1 mètre (pour R = 6 kil.), qui remplit la condition demandée.

2e CAS. — **Pièce encastrée d'un bout et libre de l'autre portant une charge uniformément répartie dans la longueur de sa portée.**

Cette pièce devra avoir la même section qu'une pièce de même portée reposant librement sur deux appuis qui recevrait une charge uniformément répartie égale à quatre fois la charge donnée.

3ᵉ CAS. — **Pièce encastrée d'un bout et libre de l'autre, portant un poids P à son extrémité libre et une charge pL uniformément répartie sur la longueur de la portée**.

Pour le calcul de cette pièce, nous appliquerons ce qui a été dit pour les deux cas précédents :

EXEMPLE. — Un fer à **I** *encastré à l'une de ses extrémités ayant l'autre extrémité libre supporte un poids* P *de 100 kilos au bout de la portée qui est de 2 mètres, plus dans la longueur de cette portée un poids réparti pL égal à 500 kilos. On demande les dimensions du fer* **I** *qui, travaillant à 6 kilos, pourra porter ces deux charges.*

On posera :

$$\text{pour la charge d'extrémité } P = 100 \times 8 = 800$$
$$\text{—} \qquad \text{répartie} \quad pL = 500 \times 4 = 2000$$
$$\text{Total. .} \quad 2800 \text{ k}^{\text{os}}$$

charge uniformément répartie à 2 mètres en raison de laquelle devra être calculée la pièce; on aura (rég. 2) $2800 \times 2 = 5600$ kilos qui correspond (tableau nº 1) à un fer **I** de 18.

DÉTERMINATION DE LA FLEXION DES PIÈCES

La flèche *théorique* prise par une pièce primitivement droite, posant librement sur ses extrémités, sous l'influence d'une charge uniformément répartie, est donnée par la formule :

$$f = \frac{5\,R\,L^2}{24\,H\,E} \quad (1)$$

---

(1) Cette formule nous a paru plus facile à appliquer que celle dont on se sert ordinairement : $f = \dfrac{5\,p\,l^4}{384\,E\,I}$ qui exige de connaître la valeur de I. On pourra du reste prendre l'une ou l'autre suivant les cas.

dans laquelle

R indique le coefficient de travail du fer à la flexion par millimètre carré;

L la longueur de portée exprimée en millimètres;

H la hauteur en millimètres du profil de la pièce;

E coefficient d'élasticité du fer que nous prendrons égal à 18000 par millimètre carré.

EXEMPLE. — On demande quelle sera la flèche prise par une poutre en fer de 0^m300 de hauteur d'une portée de 10 mètres, le fer travaillant à 6 kilos.

Les données sont :

$$R = 6 \text{ kilos}$$
$$L = 10^m\ 000\ ^{m/m}$$
$$H = 300$$
$$E = 18000$$

La formule devient, en remplaçant les lettres par leur valeur

$$f = \frac{5 \times 6 \times 10000^2}{24 \times 300 \times 18000}$$

d'où

$$f = \frac{5 \times 6 \times 100000000}{24 \times 300 \times 18000}$$

et

$$f = \frac{3000000000}{129600000} = 23^{m/m}14.$$

L'examen de la formule ci-dessus montre que la flexion croît directement comme R et L et indirectement comme H, $\left(\dfrac{5}{24\ E} \right.$ restant constant). En d'autres termes :

1° Plus on fera travailler le fer (c'est-à-dire plus le coefficient R sera élevé) et 2° plus la portée sera grande : plus la pièce prendra de flexion — par contre : 3° plus la hauteur du profil sera grande, plus la flèche diminuera, donc : 1° si deux poutres de sections égales ont la même portée, celle dont le fer travaillera au coefficient le plus élevé prendra la plus grande flèche; 2° si deux poutres de sections égales, travaillant au même coefficient, ont des portées dans œuvre différentes, celle qui aura la plus grande portée prendra la plus grande flèche.

3° Si deux poutres ayant une même portée et travaillant au même coefficient ont des hauteurs différentes, la poutre de moindre hauteur prendra la plus grande flèche.

Dans la pratique, on admet que le rapport de la flèche théorique à la portée $\left(\dfrac{f}{L}\right)$ ne doit pas dépasser $\dfrac{1}{300}$.

Ainsi, dans l'exemple précédent, le rapport $\dfrac{f}{L} = \dfrac{23}{10\,000} = \dfrac{1}{435}$ indique une bonne condition de travail. Si une pièce de même longueur (10 mètres) donnait une flèche de 0^m046, le rapport $\dfrac{f}{L} = \dfrac{46}{10\,000} = \dfrac{1}{217}$ indiquerait une pièce travaillant dans de mauvaises conditions. Nous donnons ci-après le tableau des longueurs maximum correspondant au rapport $\dfrac{f}{L} = \dfrac{1}{300}$ pour des pièces en fer (1) chargées uniformément dont les hauteurs varient de centimètre en centimètre depuis 0^m180 jusqu'à 0^m500 et calculées pour des valeurs de $R = 6$, 8 ou 10 kilos.

On fera donc bien, lorsqu'on aura à calculer une pièce, de s'assurer que sa portée n'est pas supérieure à celle indiquée dans le tableau. Cette observation a une importance capitale dans le cas de poutres en tôle et cornières, généralement destinées à des travaux qui ne comportent pas de flexions disproportionnées pouvant produire une altération du métal.

---

(1) Nous disons : *pour des pièces en fer*, pour généraliser, attendu que le tableau, aussi bien que la formule, est applicable à tous les solides soumis à la flexion sous l'influence d'une charge uniformément répartie, *quelle que soit la forme du profil, pourvu que ce profil ait un axe de symétrie correspondant à son centre de gravité.*

TABLEAU N° 28

Portées maximum (L)

qu'on peut donner aux pièces en fer chargées uniformément (avec la flèche théorique (f) correspondant à chacune de ces portées), calculées en raison du rapport

$$\frac{1}{L} = \frac{1}{300}$$

qu'on admet généralement comme ne devant pas être dépassé. (Le coefficient d'élasticité E employé dans les calculs de ce tableau est égal à 18000 k°° par millimètre carré — le coefficient de résistance à la flexion $R = 6$, 8 ou 10 k°° par millimètre carré.)

Hauteur des PIÈCES	VALEURS de R	PORTÉE maximum	FLÈCHE en millimèt.	Hauteur des PIÈCES	VALEURS de R	PORTÉE maximum	FLÈCHE en millimèt.
m/m	k.	m		m/m	k.	m	
180	6	8.63	28.80	280	6	13.44	44.80
	8	6.48	21.60		8	10.08	33.60
	10	5.18	17.25		10	8.06	26.80
190	6	9.12	30.40	290	6	13.92	46.40
	8	6.84	22.80		8	10.44	34.80
	10	5.47	18.24		10	8.35	27.84
200	6	9.60	32.00	300	6	14.40	48.00
	8	7.20	24.00		8	10.80	36.00
	10	5.76	19.20		10	8.64	28.80
210	6	10.08	33.60	310	6	14.88	49.60
	8	7.56	25.20		8	11.16	37.20
	10	6.05	20.16		10	8.93	29.76
220	6	10.56	35.20	320	6	15.36	51.20
	8	7.92	26.40		8	11.52	38.40
	10	6.34	21.12		10	9.21	30.72
230	6	11.04	36.80	330	6	15.84	52.80
	8	8.28	27.60		8	11.88	39.60
	10	6.62	22.08		10	9.50	31.68
240	6	11.52	38.40	340	6	16.32	54.40
	8	8.64	28.80		8	12.24	40.80
	10	6.91	23.04		10	9.79	32.64
250	6	12.00	40.00	350	6	16.80	56.00
	8	9.00	30.00		8	12.60	42.00
	10	7.20	24.00		10	10.08	33.60
260	6	12.48	41.60	360	6	17.28	57.60
	8	9.36	31.20		8	12.96	43.20
	10	7.49	24.96		10	10.37	34.56
270	6	12.96	43.20	370	6	17.76	59.20
	8	9.72	32.40		8	13.32	44.40
	10	7.77	25.92		10	10.66	35.52

TABLEAU N° 28 *(suite)*

Hauteur des PIÈCES	VALEURS de R	PORTÉE maximum	FLÈCHE en millimèt.	Hauteur des PIÈCES	VALEURS de R	PORTÉE maximum	FLÈCHE en millimèt.
m/m		m		m/m		m	
380	6	18.24	60.80	450	6	21.60	72.00
	8	13.68	45.60		8	16.20	54.00
	10	10.94	36.48		10	12.96	43.20
390	6	18.72	62.40	460	6	22.08	73.60
	8	14.04	46.80		8	16.56	55.20
	10	11.23	37.44		10	13.25	44.16
400	6	19.20	64.00	470	6	22.56	75.20
	8	14.40	48.00		8	16.92	56.40
	10	11.52	38.40		10	13.54	45.12
410	6	19.68	65.60	480	6	23.04	76.80
	8	14.76	49.20		8	17.28	57.60
	10	11.81	39.36		10	13.82	46.08
420	6	20.16	67.20	490	6	23.52	78.40
	8	15.12	50.40		8	17.64	58.80
	10	12.10	40.32		10	14.11	47.04
430	6	20.64	68.80	500	6	24.00	80.00
	8	15.48	51.60		8	18.00	60.00
	10	12.38	41.28		10	14.40	48.00
440	6	21.12	70.40	»	»	»	»
	8	15.84	52.80	»	»	»	»
	10	12.67	42.24	»	»	»	»

RÉSISTANCE DES COLONNES

DÉTERMINATION DE LA CHARGE
qu'on peut faire supporter en toute sécurité aux colonnes cylindriques en fonte et à celles en fer

Formule de M. LOVE pour les colonnes en fonte dont les hauteurs varient de 4 à 120 fois le diamètre.

$$P = \frac{1250 \times S}{1,45 + 0,00337 \left(\frac{h}{d}\right)^2}$$

P charge de sécurité.

$1250 = \frac{1}{6}$ de la résistance maximum de la fonte (cette résistance étant égale à 7500 kilog. par centimètre carré).

S surface de la section de la colonne *en centimètres*.

$1,45 + 0,00337$ — quantités constantes.

h hauteur de la colonne *en centimètres*.

d diamètre — —

En remplaçant S par $\frac{d^2}{1,273}$ expression qui représente la surface de la section.

La formule précédente devient :

$$P = \frac{1250\, d^4}{1,85\, d^2 + 0,0043\, h^2}$$

Pour les colonnes *en fer* d'une hauteur comprise entre 10 et 180 fois le diamètre : on prendra la formule

$$P = \frac{600\, d^4}{1,97\, d^2 + 0,00064\, h^2}$$

Nous donnons ci-après, pour les colonnes *en fonte*, un tableau (n° 29) qui permet de calculer avec une grande facilité la charge qu'on peut faire porter avec sécurité aux colonnes pleines ; ce tableau est basé sur la proportionnalité des résistances des colonnes semblables (c'est-à-dire dont les rapports des hauteurs aux diamètres sont semblables) aux surfaces des sections.

USAGE DU TABLEAU N° 29, ci-après :

Ce tableau se compose :

1° D'un certain nombre de diamètres (D) de 0^{m}05 à 0^{m}50 dont, pour plus de facilité, on a donné au-dessous les carrés (D^2);

2° D'une série de rapports $\dfrac{H}{D}$ (la hauteur en centimètres divisée par le diamètre en centimètres) correspondant à des facteurs F qui, multipliés par D^2, le carré du diamètre, donnent la charge de sécurité de la colonne.

EXEMPLE :

Trouver la charge P que pourra porter avec sécurité, une colonne pleine de 0^{m}30 de diamètre et de 6 mètres de hauteur.

Cherchons le rapport de la hauteur au diamètre ; en d'autres termes, divisons H par D (*exprimés en centimètres*).

$$\frac{H}{D} = \frac{600}{30} = 20$$

Cherchons 20 dans les colonnes des valeurs $\dfrac{H}{D}$, nous trouvons pour valeur correspondante (colonne F) 350.53.

Multipliant ce dernier nombre par 30^2 (ou le carré du diamètre), c'est-à-dire 900, le produit est la charge demandée.

$$350,53 \times 900 = 315477^k.$$

Ce tableau peut s'étendre à tous les diamètres et à toutes les hauteurs de colonnes (*dans les limites de hauteur de 4 à 120 fois le diamètre.*

Colonnes creuses.

On admet que la résistance d'une colonne creuse est égale à la résistance d'une colonne pleine d'un diamètre égal au diamètre extérieur, moins la résistance d'une colonne ayant pour diamètre le diamètre intérieur.

Ainsi, une colonne creuse de 25 centimètres extérieur et de 20 centimètres intérieur aura pour résistance la différence de résistance entre une colonne pleine de 0^m25 de diamètre et celle d'une colonne pleine de 0^m20 de diamètre.

A sections égales, la colonne creuse a plus de résistance que la colonne pleine :

Ainsi, une colonne pleine de 18 centimètres de diamètre à 8 mètres de hauteur, porterait 39450 kilos, et la colonne creuse de 30 centimètres extérieur et de 24 centimètres intérieur, qui pèse le même poids, porterait 120600 kilos.

TABLEAU

Calcul de la charge de sécurité que l'on peut faire supporter au

P charge d

Diamètre D en centimètres	5	5.5	6	6.5	7	7.5	8	8.5	9	9.5
D^2	25	30.25	36	42.25	49	56.25	64	72.25	81	90.25

D	16	16.5	17	17.5	18	18.5	19	19.5	20	20.5
D^2	256	272.25	289	306.25	324	342.25	361	380.25	400	420.25

D	29	30	31	32	33	34	35	36	37	38
D^2	841	900	961	1024	1089	1156	1225	1296	1369	1444

Valeurs de F correspondant à $\dfrac{H}{D}$ (hauteur de la colonn

$\dfrac{H}{D}$	F (k⁰⁵)	$\dfrac{H}{D}$	F (k⁰⁵)	$\dfrac{H}{D}$	F (k⁰⁴)	$\dfrac{H}{D}$	F (k⁰⁵)	$\dfrac{H}{D}$	F (k⁰¹)
1.00	675.57	5.50	632.57	10.00	549.24	14.50	454.54	19.00	367.8
1.25	674.68	5.75	628.72	10.25	544.00	14.75	449.40	19.25	363.4
1.50	673.61	6.00	624.75	10.50	538.63	15.00	444.30	19.50	359.1
1.75	672.34	6.25	620.66	10.75	533.52	15.25	439.21	19.75	354.7
2.00	670.89	6.50	616.47	11.00	528.32	15.50	434.17	20.00	350.5
2.25	669.25	6.75	612.17	11.25	522.96	15.75	429.16	20.25	346.3
2.50	667.42	7.00	607.77	11.50	517.64	16.00	424.20	20.50	342.1
2.75	665.42	7.25	603.28	11.75	512.37	16.25	419.21	20.75	338.0
3.00	663.23	7.50	598.69	12.00	507.08	16.50	414.36	21.00	334.0
3.25	660.88	7.75	594.03	12.25	501.75	16.75	409.51	21.25	330.0
3.50	658.35	8.00	589.23	12.50	496.43	17.00	404.70	21.50	326.0
3.75	655.66	8.25	584.48	12.75	491.16	17.25	399.93	21.75	322.1
4.00	652.81	8.50	579.59	13.00	485.87	17.50	395.21	22.00	318.3
4.25	649.80	8.75	574.66	13.25	480.60	17.75	390.53	22.25	314.4
4.50	646.64	9.00	569.66	13.50	475.34	18.00	385.90	22.50	310.7
4.75	643.33	9.25	564.61	13.75	470.10	18.25	381.31	22.75	307.0
5.00	639.88	9.50	559.51	14.00	464.90	18.50	376.77	23.00	303.3
5.25	636.29	9.75	554.38	14.25	459.70	18.75	372.28	23.25	299.7

N° 29

Colonnes pleines en fonte (coefficient de sécurité 1250 k^{os} par cent. carré)

(sécurité) $= F \times D^2$

10	10.5	11	11.5	12	12.5	13	13.5	14	14.5	15	15.5
100	110.25	121	132.25	144	156.25	169	182.25	196	210.25	225	240.25

21	21.5	22	22.5	23	23.5	24	24.5	25	26	27	28
441	462.25	484	506.25	529	552.25	576	600.25	625	676	729	784

39	40	41	42	43	44	45	46	47	48	49	50
1521	1600	1681	1764	1849	1936	2025	2116	2209	2304	2401	2500

(Hauteur, en centimètres, divisée par le diamètre, en centimètres).

$\dfrac{H}{D}$	F	$\dfrac{H}{D}$	F	$\dfrac{H}{D}$	F	$\dfrac{H}{D}$	F	$\dfrac{H}{D}$	F
	k^{os}		k^{os}		k^{os}		k^{os}		k^{os}
23.50	296.16	28.00	239.60	32.50	195.71	37.00	161.65	43.00	127.59
23.75	292.64	28.25	236.85	32.75	193.56	37.25	159.97	43.50	125.22
24.00	289.17	28.50	234.14	33.00	191.46	37.50	158.30	44.00	122.90
24.25	285.74	28.75	231.47	33.25	189.40	37.75	156.76	44.50	120.64
24.50	282.35	29.00	228.84	33.50	187.49	38.00	155.18	45.00	118.44
24.75	279.02	29.25	226.25	33.75	185.35	38.25	153.62	45.50	116.30
25.00	275.73	29.50	223.60	34.00	183.37	38.50	152.07	46.00	114.21
25.25	272.48	29.75	221.47	34.25	181.47	38.75	150.55	46.50	112.17
25.50	269.24	30.00	218.68	34.50	179.49	39.00	149.06	47.00	110.18
25.75	266.42	30.25	216.23	34.75	177.59	39.25	147.57	47.50	108.24
26.00	263.00	30.50	213.82	35.00	175.70	39.50	146.11	48.00	106.36
26.25	259.93	30.75	211.44	35.25	173.88	39.75	144.66	48.50	104.51
26.50	256.90	31.00	209.09	35.50	172.06	40.00	143.20	49.00	102.71
26.75	253.92	31.25	206.78	35.75	170.26	40.50	140.46	49.50	100.95
27.00	250.97	31.50	204.56	36.00	168.49	41.00	137.75	50.00	99.24
27.25	248.06	31.75	202.24	36.25	166.75	41.50	135.11	»	»
27.50	245.20	32.00	200.63	36.50	165.02	42.00	132.54	»	»
27.75	242.38	32.25	197.84	36.75	163.33	42.50	130.03	»	»

TABLEAU N° 30

APPLICATION DU TABLEAU N° 29

Charges de sécurité des colonnes pleines (diamètres ordinaires du commerce)

HAUTEUR des COLONNES	DIAMÈTRE DES COLONNES EN MILLIMÈTRES								
	81	95	108	135	160	180	200	220	250
M.	k^{os}	k^{os}	k^{os}	k^{os}	k^{os}	k^{os}	k^{os}	k^{os}	k^{os}
2.50	13804	23380	35130	68599	116500	151370	198572	251820	343256
2.75	12057	21080	31465	62740	102676	142285	188640	240272	330200
3.00	10588	18391	28130	57232	95304	132882	177720	228647	316913
3.25	9107	17888	25311	52526	88395	124662	167684	217485	303669
3.50	8310	14706	22900	48092	81978	116698	158084	206747	290562
3.75	7414	13160	20797	44110	76045	109007	148912	195870	277688
4.00	6654	11939	18822	40528	70387	102047	140212	185178	265125
4.25	»	10788	17145	37478	65574	95385	132004	175315	252938
4.50	»	9904	15660	34398	60985	89336	124284	166017	241188
4.75	»	»	14335	31774	56780	83670	117056	157130	229894
5.00	»	»	13180	29440	52935	78245	110292	148728	219082
5.25	»	»	12148	27222	49161	73584	103972	142378	208763
5.50	»	»	»	25350	46203	69122	98080	133453	198938
5.75	»	»	»	23655	43246	64988	92588	126465	189594
6.00	»	»	»	22090	40525	61152	87472	119930	180731
6.25	»	»	»	»	38062	57617	82712	113793	172331
6.50	»	»	»	»	35784	54212	78284	108024	164375
6.75	»	»	»	»	33700	51289	74140	102670	156856
7.00	»	»	»	»	31760	48509	70280	97585	149750
7.25	»	»	»	»	»	»	66700	92831	143025
7.50	»	»	»	»	»	»	63320	88422	136675
7.75	»	»	»	»	»	»	60220	84430	130681
8.00	»	»	»	»	»	»	57280	80339	125019
8.25	»	»	»	»	»	»	»	»	119663
8.50	»	»	»	»	»	»	»	»	114606
8.75	»	»	»	»	»	»	»	»	109812
9.00	»	»	»	»	»	»	»	»	105306

TABLEAU N° 31

APPLICATION DU TABLEAU N° 29

Charges de sécurité d'une série de colonnes creuses

HAUTEUR des COLONNES	DIAMÈTRE EXTÉRIEUR DES COLONNES EN CENTIMÈTRES							
	10	15	20	25	30	35	40	50
	ÉPAISSEUR EN MILLIMÈTRES							
	10	15	20	25	30	35	40	50
M.	k^{os}	k^{os}	k^{os}	k^{os}	k^{os}	k^{os}	k^{os}	k^{os}
2.50	14320	43888	88070	144684	213283	293690	385998	606644
2.75	12978	41600	85364	142160	210988	»	»	»
3.00	11723	39142	82416	139193	208345	289385	382355	603971
3.25	10630	36776	79290	135985	205317	»	»	»
3.50	9626	34425	76106	132478	202013	283580	377150	599969
3.75	8750	32280	72867	128776	198150	»	»	»
4.00	7969	30130	69625	124913	194223	276878	370392	594340
4.25	»	28200	66430	120934	190000	»	»	»
4.50	»	26380	63299	116904	185440	267370	362010	587414
4.75	»	24700	60276	112838	180850	»	»	»
5.00	»	23120	57357	108790	175552	257503	352280	578736
5.25	»	21700	54810	104790	171240	»	»	»
5.50	»	20335	51877	100858	166400	247060	341456	568640
5.75	»	19100	43246	97006	161226	»	»	»
6.00	»	17940	40525	93259	156450	236000	329664	556772
6.25	»	»	38062	89619	151848	»	»	»
6.50	»	»	35784	86091	147104	224700	317160	543940
6.75	»	»	33700	82716	142980	»	»	»
7.00	»	»	31700	79470	137700	213228	304424	529912
7.25	»	»	»	»	131346	»	»	»
7.50	»	»	»	»	129120	202200	291468	515104
7.75	»	»	»	»	124860	»	»	»
8.00	»	»	»	»	120600	191350	278500	499652
8.50	»	»	»	»	»	»	265720	483736
9.00	»	»	»	»	»	»	253200	467620
9.50	»	»	»	»	»	»	»	451352
10.00	»	»	»	»	»	»	»	435160

Calcul d'une pièce soulagée dans la longueur de la portée par un ou deux supports *(colonnes ou piles en maçonnerie)*.

Tableaux donnant, suivant la position des supports, les valeurs de la charge sur ceux-ci et sur la pièce, en fonction de la charge uniformément répartie P.

TABLEAU N° 32

1er CAS. — Un support.

(Fig 5)

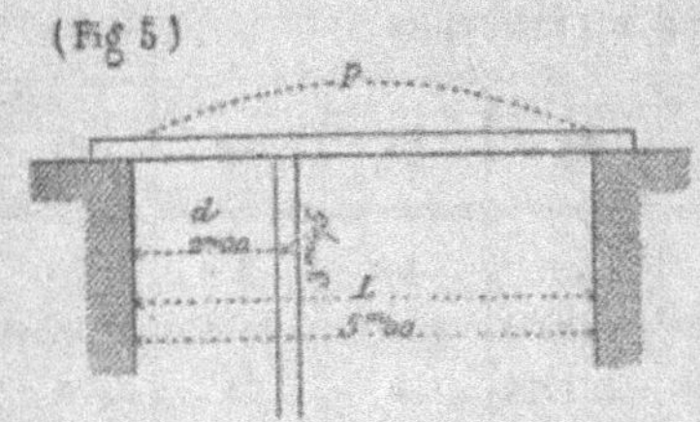

$\dfrac{d}{L}$ RAPPORT de la distance du support au point d'appui le plus rapproché à la longueur de la portée.	VALEUR de la charge sur le support intermédiaire.	VALEUR de la charge répartie uniformément sur la pièce considérée comme sans appui intermédiaire.
0.200	0.91	0.52
0.225	0.84	0.48
0.250	0.79	0.44
0.275	0.75	0.44
0.300	0.72	0.38
0.325	0.695	0.35
0.333	0.688 ⨉ P	0.33 ⨉ P
0.350	0.675	0.32
0.375	0.660	0.30
0.400	0.645	0.28
0.425	0.635	0.27
0.450	0.630	0.26
0.500	0.625	0.25

TABLEAU N° 33

2e CAS. — Deux supports.

Placés symétriquement par rapport à l'axe transversal de la pièce.

(Fig. 6)

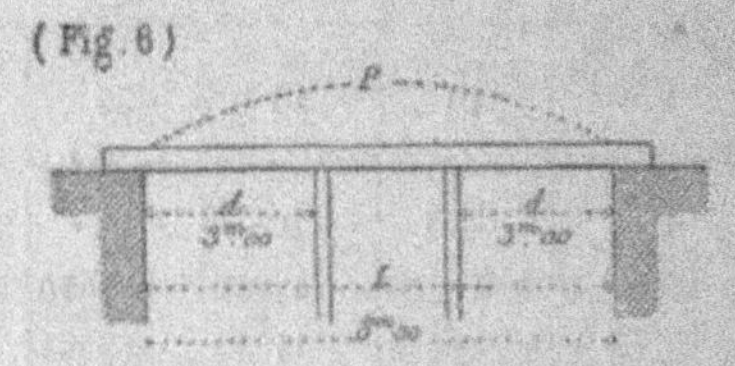

$\dfrac{d}{L}$ RAPPORT de la distance des supports au point d'appui le plus rapproché à la longueur de la portée.	VALEUR de la charge sur chaque support intermédiaire.	VALEUR de la charge répartie uniformément sur la pièce considérée comme sans appui intermédiaire
0.200	0.525	0.204
0.225	0.480	0.170
0.250	0.450	0.140
0.275	0.420	0.120
0.300	0.395	0.100
0.325	0.375	0.095
0.333	0.366 ⨉ P	0.089 ⨉ P
0.350	0.355	0.096
0.375	0.345	0.095
0.400	0.335	0.100
0.425	0.325	0.106
0.450	0.320	0.120

APPLICATIONS DES TABLEAUX 32 ET 33

—

1°. — *Un poitrail composé de 2 fers à I de 5ᵐ00 de portée dans œuvre doit porter une charge uniformément répartie de 20000 kᵒˢ ; ce poitrail est soulagé à 2ᵐ00 du point d'appui le plus rapproché par une colonne en fonte de 3ᵐ75 de hauteur (fig. 5).*

On demande la charge sur la colonne et la charge sur la pièce, et, par suite, quel diamètre devra avoir la colonne et quel sera l'échantillon de fer à I en supposant que le fer travaille à 6 kᵒˢ.

Cherchons le rapport $\dfrac{d}{L}$ ou (2,00 divisé par 5ᵐ00).

Nous trouvons :

$$\frac{2,00}{5,00} = 0,40$$

qui correspond (*voir tableau 32*) à 0,645 pour la valeur de la charge sur la colonne.

Multiplions 0ᵐ645 par P, la charge donnée, 20000 kᵒˢ, le produit égale 12900 kᵒˢ, qui est la charge sur la colonne.

Le tableau n° 29 nous apprend qu'il convient de prendre la colonne (échantillon du commerce) de 0ᵐ095 de diamètre qui, à 3ᵐ75 de hauteur, peut porter avec sécurité 13160 kᵒˢ.

Et pour la charge sur le poitrail, toujours en correspondance à $\dfrac{d}{L} = 0,40$, nous trouvons 0,28 qui, multiplié par la charge : $0,28 \times 20000 = 5600$ kᵒˢ ; nous n'avons plus qu'à déterminer les dimensions d'un poitrail portant 5600 kᵒˢ à 5ᵐ00.

A l'aide du tableau n° 2, nous trouvons, pour composer le poitrail, les échantillons I, larges ailes 200 ou 220 sensiblement approchés, l'un par excès, l'autre par défaut.

2°. — *Un poitrail composé de 3 fers à I de 8ᵐ00 de portée, devant porter une charge répartie de 50000 kᵒˢ, est soulagé dans la longueur de sa portée par 2 colonnes en fonte de 4ᵐ25 de hauteur placées symétriquement à 3ᵐ00 des points d'appui (fig. 6), quelles seront :*

1° La charge sur chaque colonne intermédiaire ?

2° La charge sur le poitrail ?

Opérant comme ci-dessus, nous avons :

$$\frac{d}{L} \quad \text{ou} \quad \frac{3,00}{8,00} = 0,375$$

qui, dans le tableau n° 33, correspond au nombre 0,345, qui, multiplié par P, la charge donnée, égale à 50000 k^os, donne : 03,45 × 50000 = 17250 k^os, qui est la charge sur chaque support.

Pour la charge sur le poitrail, nous aurons

$$0,095 \times 50000 = 4750$$

qui est la charge uniformément répartie sur la pièce, considérée comme posant sur les 2 appuis extrêmes, sans supports intermédiaires.

En faisant les mêmes recherches indiquées précédemment, on trouve qu'il faudra 2 colonnes de 0^m108 de diamètre et que le poitrail devra être composé de 3 fers I 250 ordinaires (pour R=6^k).

L'examen des tableaux 32 et 33 montre qu'il y a avantage économique, au point de vue de la pièce, dans le cas d'un seul appui intermédiaire, de placer cet appui au milieu ; et, dans le cas de 2 appuis, de tiercer la portée.

RÉSISTANCE DES FERS A LA TRACTION

FORMULE GÉNÉRALE

$$P = R\,S \qquad (A)$$

dans laquelle P représente l'effort,

    —   R   — le coefficient de sécurité de résistance à l'extension par millimètre carré.

    —   S   — la section.

(Le coefficient R varie de 4 à 10 k^os ; dans tout ce qui suit, nous adopterons le coefficient moyen 7 k^os.)

De la formule (A) on déduit la suivante qui sert à déterminer la section, connaissant l'effort et le coefficient R :

$$S = \frac{P}{R} \qquad (B)$$

APPLICATIONS DE LA FORMULE A

—

1° Quel effort de traction pourra-t-on faire subir, en toute sécurité, à une barre de fer méplat de 45 × 9 ?

La section S étant égale à 45 × 9, et R égale à 7 k⁰ˢ, on aura P = 7 × 45 × 9 = 2835 k⁰ˢ.

2° Quel effort de traction pourra-t-on faire subir, en toute sécurité, à une barre de fer carré de 20 m/m ?

La section S est égale dans ce cas à 20^2, on aura donc :
$$P = 7 \times 20^2 = 7 \times 400 = 2800 \text{ k}^{os}.$$

3° Quel effort de traction pourra-t-on faire subir en toute sécurité à une tige de fer rond de 20 m/m ?

La section S du cercle étant égale (*voir l'introduction*) à
$$0,7854 \times D^2$$
la formule devient P = $(7 \times 0,7854)$ D² ou 5,4978 D² (formule applicable toutes les fois qu'on fera R = 7 k⁰ˢ.

Et pour l'exemple donné on aura :
$$P = 5,4978 \times 20^2 = 5,4978 \times 400 = 2199^k,12.$$

APPLICATIONS DE LA FORMULE B

—

4° Une barre de fer méplat de 45 m/m de largeur doit résister en toute sécurité à un effort de traction de 2835 k⁰ˢ. Quelle devra être son épaisseur ?

On posera $e = \dfrac{2835}{7 \times 45} = \dfrac{2835}{315} = 9$ millim.

Ce qui revient à dire qu'il faut diviser l'effort donné en kilogrammes par 7 multiplié par la dimension connue du fer. D'où la formule $e = \dfrac{P}{7 \times l}$ dans laquelle l représente la largeur, e l'épaisseur, 7 la valeur de R.

On aurait de même évidemment :
$$l = \dfrac{P}{7 \times e} \quad \text{si } e \text{ était la dimension connue.}$$

5° Trouver la dimension C d'un fer carré devant résister en toute sécurité à un effort de traction de 2800 k⁰ˢ.

9

On posera $c = \sqrt{\dfrac{2800}{7}} = \sqrt{400} = 20$ millim.

C'est-à-dire qu'il faut diviser l'effort en kilogrammes par 7 et extraire la racine carrée du quotient, d'où la formule :

$$C = \sqrt{\dfrac{P}{7}}$$ (applicables toutes les fois qu'on fera R=7 k^{os}).

6° *On demande le diamètre* D *d'une tige de fer rond devant résister en toute sécurité à un effort de traction de* 2199^k42.

On posera $D = \sqrt{\dfrac{2199.42}{5,4978}} = \sqrt{400} = 20$ millim.

C'est-à-dire qu'il faut diviser l'effort en kilogrammes par 5,4978 et extraire la racine carrée du quotient, d'où la formule :

$$D = \sqrt{\dfrac{P}{5,4978}}$$ (applicable toutes les fois qu'on fera R = 7 k^{os}).

APPLICATIONS DES FORMULES A ET B

AU CALCUL DES CHAINES A MAILLONS RONDS

—

(Dans le calcul des chaînes nous conseillons de prendre le coefficient
R = à 4 kilog. par millimètre carré.)

Les deux formules A et B sont applicables ici, en observant que les tiges étant doubles, il y a lieu de multiplier la section par 2.

1re APPLICATION. — *Trouver la tension* P *à laquelle on peut soumettre en toute sécurité une chaîne composée de maillons de* 10^{m}/^{m} *de diamètre.*

Formule : $P = R (2 \times 0,7854 \times D^2)$
D'où $\quad\quad P = R (1,5708 \times D^2)$.

Et comme nous faisons R = 4 k^{os}, la formule pratique définitive devient B = 6,2832 $\times$ D², applicable toutes les fois qu'on fera R = 4 k^{os}.

Appliquant cette formule à l'exemple ci-dessus, on a :
$$P = 6,2832 \times 10^2$$
$$\text{D'où } P = 6,2832 \times 100 = 628^k32.$$

2e APPLICATION. — *Quel diamètre devra-t-on donner aux maillons d'une chaîne devant résister à une tension de* 628^k32 ?

Formule : $D = \sqrt{\dfrac{P}{R (2 \times 0,7854)}}$

Et, par suite, R étant égal à 4,

$$D = \sqrt{\dfrac{P}{6,2832}} \quad \text{(formule applicable toutes les fois qu'on fera } R = 4 \text{ k}^{\text{os}}\text{)}.$$

Appliquant cette formule à l'exemple, on posera :

$$P = \sqrt{\dfrac{628^{k}32}{6,2832}} = \sqrt{100} = 10 \text{ millim.}$$

RENSEIGNEMENTS DIVERS

Poids par mètre carré de différents hourdis de planchers suivant leur épaisseur.

	Poids moyen
Hourdis en plâtras et garnis de 0^m06 d'épaisseur.	129^k00
— — 0^m08 —	172 00
— — 0^m10 —	215 00
— — 0^m12 —	258 00
— — 0^m15 —	322 00

	Poids moyen.
Hourdis en briques creuses (compris 0^m03 de charge de plâtre) de $\frac{22 \times 15}{4}$ épaisseur totale 0,07 . . .	77^k00
En briques de $\frac{22 \times 11}{5\ ^1/_2}$ — 0,085. . .	84 00
— $\frac{22 \times 11}{6\ ^1/_2}$ — 0,095. . .	85 00
— $\frac{22 \times 14}{8}$ — 0,110. . .	111 00
— $\frac{22 \times 11}{11}$ — 0,14 . . .	110 à 122

	Poids moyen.
Hourdis en briques pleines, de 0,08 d'épais. compris charge de plâtre.	140^k00
— 0,14 —	245 00
Hourdis en poteries	135 à 150 k^{os}.

Poids des parquets au mètre superficiel:

Parquet de chêne de 0,025 d'épaisseur. . . . . 23^k environ
— sapin 0,025 — . . . . 17 —

TABLEAU N° 34

Poids approximatifs par mètre superficiel de différentes maçonneries suivant leur épaisseur.

DÉSIGNATIONS DES MAÇONNERIES ET POIDS DU MÈTRE CUBE	ÉPAISSEURS RAVALÉES							
	0.08	0.15	0.25	0.35	0.45	0.50	0.60	0.90
	KIL.	KIL.	KIL.	KIL.	KIL.	KIL.	KIL.	KIL.
Moëllons (Le mètre cube = 2200 kil. environ)...	»	»	»	770	990	1100	1320	1980
Briques pleines (Le mètre cube = 1750 kil. environ).	140	263	438	613	788	»	1050	1575
Briques creuses (Le mètre cube = 1200 kil. environ).	96	180	300	420	540	600	720	1080
Meulière (Le mètre cube = 2300 kil. à 2500)...	»	»	»	»	»	1150 à 1250	1380 à 1500	2070 à 2250
Pierres de taille (tendre, Le mètre cube 1900 kil. environ. Dure, le mètre cube environ 2300 k.)...	» »	» »	» »	» »	» »	950 1150	1140 1380	1710 2070

Les cloisons de remplissages de 0,08 ravalées, pèsent environ 110 kilog. le mètre carré.

Les carreaux de plâtre pèsent environ 1400 kilog. le mètre cube.

TABLEAU N° 35

COUVERTURES DIVERSES. — Poids au mètre et pente par mètre.

NATURE DES COUVERTURES	POIDS AU MÈTRE CARRÉ	INCLINAISON
	KILOG.	
Tuiles à agrafe de 0.25 — 0.18	40	
— — 0.33 à 0.36 — 0.22	44 20	0ᵐ40 par mètre
— — 0.40 — 0.22	55 00	
Ardoises.	30 à 35	0ᵐ67 —
Zinc n° 14.	8 50	0ᵐ37 —
Tôle galvanisé de 1 millimètre.	8 50	0ᵐ37 —
Verre demi-double.	5 à 6	Avec joints 0.30 à 0.32
Verre double... { 3 millimètres. ...... / 4 millimètres.	7 57 / 10 09	Sans joints 0.20 à 0.25

Poids d'un mètre carré de couverture y compris le poids de la charpente en sapin, d'une couche de neige de 0ᵐ25 et la pression du vent comptée à 5 kilog. environ.

(LES FERMES ESPACÉES DE 3ᵐ50) (D'APRÈS M. LE GÉNÉRAL MORIN)

Couverture en ...		
	Ardoises	100 kilog.
	Tuiles creuses maçonnées	100 —
	Zinc n° 14	65 —
	Tôle galvanisée	65 —

TABLEAU N° 36

Poids d'un décimètre cube de différents métaux.

DÉSIGNATIONS	POIDS du décimètre cube
	kᵍ
Acier non trempé	7.830
— trempé	7.810
Aluminium	2.560
Argent pur fondu	10.4743
— pur forgé	10.5107
— au titre de la monnaie, fondu	10.0476
— — forgé ou monnayé	10.1210
Cuivre rouge fondu	8.720
— en fil	8.540
Cuivre laiton fondu	8.540
— — en fil	8.544
Étain pur de Cornouailles, fondu	7.290
— neuf fondu écroui	7.310
— fin fondu écroui	7.515
— commun fondu	7.915
Fer	7.788
Fonte	7.200
Maillechort	8.615
Mercure	13.598
Nickel	8.279
Or pur fondu	19.2581
— pur forgé	19.3617
— au titre de la monnaie, fondu	17.4022
— — monnayé	17.6473
Platine forgé	20.3306
— laminé	22.6699
Plomb	11.3500
Zinc fondu	6.861
Bronze des canons	8.44 à 9.23
— antique	9.20

TABLEAU N° 37

Poids d'un décimètre cube de différentes substances.

DÉSIGNATIONS	POIDS du décimètre cube
	kᵍˢ
Alcool absolu	0.792
Bière	1.024
Caoutchouc.	0.933
Eau distillée. — Eau de pluie	1.000
— de mer	1.028 à 1.042
— de puits.	1.100 à 1.110
Eau-de-vie à 18 degrés	0.948
— à 19 —	0.942
— à 22 —	0.924
Esprit de bois à 22 degrés	1.120
Glace à 0 degré	0.905 à 0.926
Gutta-percha	0.960
Huile de baleine	0.923
— de lin	0.940
— de navette.	0.919
— de noix	0.923
— d'olive.	0.916
Lait de vache	1.032
Os.	1.650
Schiste.	2.670
Sodium.	0.972
Soufre	2.086
Vinaigre	1.020
Vin de Bordeaux.	0.994
Vin de Bourgogne	0.989
Vin de Champagne	0.962

TABLEAU N° 38

BOIS. — Poids au mètre cube.

DÉSIGNATIONS DES BOIS	POIDS du mètre cube
	k
Abricotier	771
Acacia (faux)	783 à 800
Alisier	872 à 885
Acajou	785 à 914
Amandier	1.000
Aune	510 à 800
Bouleau commun	700 à 714
Cerisier	714 à 850
Charme	757
Châtaignier	685 à 1100
Chêne vert	930 à 1220
Chêne sec	643 à 1015
Cormier	900 à 914
Coudrier	600
Cyprès	600 à 657
Ébénier	1042 à 1328
Érable	557 à 757
Frêne	785
Gaïac	1335
Marronnier	657
Merisier	571
Noyer de France	600 à 685
— d'Afrique	728 à 743
Orme	743 à 942
Peuplier d'Italie	371 à 414
— de Hollande	528 à 614
Pin du Nord	822
Piche-pin	950 à 960
Platane	628 à 700
Poirier	600 à 714
Pommier	757 à 800
Sapin abiès	460
— épicéa	328 à 557
— jaune	674
Sycomore	640
Tilleul	557 à 600

TABLEAU N° 39
Poids au mètre cube de différentes substances.

DÉSIGNATIONS	POIDS
	k
Béton de cailloux	2500
Chaux vive,	800 à 857
— éteinte en pâte	1328 à 1428
Craie	1214 à 1285
Plâtre cuit battu	1200 à 1228
— au panier	1200 à 1270
— tamisé,	1242 à 1257
— gâché, humide,	1570 à 1600
— gâché, sec,	1400 à 1414
Mortier de chaux et de ciment	1656 à 1713
— — et de sable	1836 à 2142
Sable fin et sec	1400 à 1428
— fin et humide	1900
— de rivière, humide	1771 à 1856
— fossile argileux,	1713 à 1800
Gravier caillouté,	1371 à 1485
Terre ou sable de bruyère	614 à 643
Terre végétale	1214 à 1285
Terre forte graveleuse	1357 à 1428
Terre mêlée de petites pierres	1910
Argile et glaise	1656 à 1756
Marne	1571 à 1642
Ardoises,	2600
Houille,	942 à 1328
Coke,	370
Mâchefer,	883
Verre	2523
Blé	750
Avoine,	470 à 500
Farine de froment	1035
Marbre, albâtre,	2200 à 2870
Neige	400

TABLEAU N° 40

Poids du mètre cube de diverses pierres de taille avec la charge par centimètre carré que ces pierres peuvent supporter en toute sécurité.

Cette charge de sécurité est le 1/10 de la charge qui amène l'écrasement.

Ce tableau a été composé d'après le catalogue des échantillons de matériaux de constructions réunis par les soins du Ministère des travaux publics, à l'occasion de l'Exposition universelle de 1878 [1].

DÉSIGNATIONS DES PIERRES	DÉPARTEMENT où est située la carrière	POIDS du mètre cube	CHARGE de sécurité par centimètre carré
		k	k
Banc d'argent de Vitry	Seine	1900 à 2000	12 à 25
— franc de Jouy	Aisne	1950 à 2000	20 à 25
— franc du Moulin	Seine	2100 à 2180	15 à 24
— gris d'Ivry	Seine	2100 à 2200	22 à 35
— royal de Vitry	Seine	1900 à 2000	12 à 25
— — de Parmain	Seine-et-O.	1600 à 1750	4.50 à 7
— — de Méry	Seine-et-O	1700 à 1800	9 à 13
— — tendre de Méry	Seine-et-O.	1700 à 1800	8
— — de Laigneville	Oise	1620 à 1650	6 à 7
— — de Courson	Yonne	1920	8.50
— — de Saint-Maximin	Oise	1630 à 1720	6 à 9
— — de Saint-Vaast	Oise	1550 à 1650	6 à 8
— — de Conflans	Seine-et-O.	1650 à 1800	7 à 10
— — de Savonnières	Meuse	1550	8
— — de l'Abbaye du Val	Seine-et-O.	1850	8
— — de Molesme	Yonne	1840 à 1860	8 à 11
— — de Marly-la-Ville	Seine-et-O.	1750	9
— — de Damply	Seine-et-O.	1700 à 1800	9 à 12
— — de Saint-Leu	Oise	1790	10
— — de Charentenay	Yonne	1950	12.50
Granit gris de Remiremont	Vosges	2675	75 à 84.50
— brun —	Vosges	2730	80 à 85.50
— de Chaussey	Manche	2745	87.50
— de Laber	Finistère	2690	92
— de Servance	Hte-Saône	2685	98
— corail de Servance	Hte-Saône	2650	90
Liais de Senlis	is	2250 à 2380	25 à 35
— des Brosses (Ravières)	Yonne	2110 à 2150	26 à 30
— de Lignerolles	Côte-d'Or.	2150	32.50
— de Violaines	Aisne	2200 à 2300	30 à 35
— de Courville	Aisne	2150 à 2170	35 à 40

[1] Le catalogue complet a été publié par M. Dunod, éditeur.

TABLEAU N° 40 (*suite*)

DÉSIGNATIONS DES PIERRES	DÉPARTEMENT où est située la carrière	POIDS du mètre cube	CHARGE de sécurité par centimètre carré
		k	k
Liais de Morley.	Meuse	2120 à 2230	38 à 47
— de Bagneux.	Seine	2400 à 2500	40 à 50
— de Chasignelles	Yonne	2295	46.50
— de Tonnerre.	Yonne	2430 à 2430	69 à 76
— de Grimault.	Yonne	2620	72
Pierre de la Ferté-Milon.	Aisne	1900 à 1950	15 à 23
— de Lérouville (Carr. de Lavaux).	Meuse	2290	25.50
— — (Carrières de Maillem).	Meuse	2300 à 2370	25 à 27
— — (Carrières de la Mésangère).	Meuse	2300	30
— de Lavaux.	Vienne	2050 à 2100	20 à 23
— des Lourdines ou de Château-Gaillard	Vienne	2070	22.50
— de Tercé.	Vienne	2135	29
— de Brétigny.	Vienne	2470	29
— de Chauvigny.	Vienne	2345	31
— Cliquard de Clamart.	Seine	2300 à 2500	40 à 53
— d'Avrigny (blanche).	Yonne	2330 à 2350	36 à 40
— — (grise).	Yonne	2440 à 2470	40 à 49
— d'Anstrude (blanche).	Yonne	2160 à 2900	32.50 à 40
— — (grise).	Yonne	2160 à 2250	39 à 42
— Ravières-Larrys-Dublef.	Yonne	2310 à 2350	48 à 56
— la Manse (blanche).	Nièvre	2380 à 2420	36 à 40
— — (grise).	Nièvre	2425 à 2450	37.50 à 51
— de Bonneuil-en-Vallais.	Aisne	2200 à 2300	46 à 64
— d'Euville (carrière des Sablières).	Meuse	2200 à 2430	28 à 43
— — (vieille carrière).	Meuse	2280 à 2440	33 à 43
— — (grande carrière).	Meuse	2160 à 2350	27 à 34
— Échaillon.	Isère	2430 à 2530	56 à 78
— blanche de Chamesson.	Côte-d'Or	2280 à 2300	47 à 56
— de Puits.	Côte-d'Or	2160 à 2230	42 à 46
— d'Andryès.	Yonne	2435	54.50
— de Souppes.	Seine-et-M.	2500 à 2600	46 à 60
— de Villebois.	Ain	2640 à 2720	82 à 99
— de Comblanchien.	Côte-d'Or	2680 à 2720	90 à 104
— d'Hauteville.	Ain	2760	116
Roche de Poissy.	Seine-et-O.	1900 à 2300	12 à 38
Roche de Pajot (Saint-Maximin).	Oise	2000 à 2100	7 à 20
Demi-roche de —	Oise	1670 à 1720	9 à 10
Roche de Saint-Maximin.	Oise	2100 à 2300	10 à 50
Roche de Saint-Nom	Seine-et-Oise	2200 à 2300	35 à 50

TABLEAU N° 40 *(suite)*

DÉSIGNATION DES PIERRES	DÉPARTEMENT où est située la carrière	POIDS du mètre cube	CHARGE de sécurité par centimètre carré
		k	k
Roche de Chatillon.	Seine	2200 à 2500	25 à 40
— de Fleury.	Seine	2300 à 2400	30 à 40
— fine d'Aumont.	Oise	2180 à 2300	50 à 60
— de Villers-la-Fosse.	Aisne	2300 à 2400	22 à 46
— franche de Pargny.	Aisne	1900 à 1950	18 à 23
— de Laversine	Aisne	2300 à 2350	30 à 45
— de Jouy.	Aisne	2200 à 2300	40 à 55
— blanche de Saint-Vaast.	Oise	1950 à 2000	14.5 à 18
Vergelé de Nanterre	Seine	1480 à 1500	5 à 7
Vergelé de Saint-Vaast	Oise	1500 à 1600	6 à 8
Vergelé de Saint-Maximin.	Oise	1600 à 1700	7 à 8
Pierres marbres du Jura de Sampans . . .	Jura	2640 à 2715	86 à 107.50
Pierres marbres du Jura Belvoye dit Damparis	Jura	2590 à 2680	75.5 à 87
Porphyre vert de Brelfaby	Hte-Saône	2820	112
— de Belonchamps	Hte-Saône	2845	136

TABLEAU N° 41

Charge par centimètre carré que peuvent supporter en toute sécurité les briques et les ciments.

Cette charge est le 1/10 de la charge qui produit l'écrasement.

DÉSIGNATIONS	POIDS du mètre cube	CHARGE de sécurité par centimètre carré
Brique grise de Bourgogne de bonne qualité	2200	15
— de Sarcelles.	2000	12
— rouge de Paris, dite de pays	1540	9
— brique pâle, qualité inférieure peu cuite. . . .	2000	4
Ciment Portland de Boulogne-sur-Mer de première qualité, après 5 jours d'emploi		10.70
Après 15 jours		16.50
Après 4 mois		22.50
Ciments ordinaires, qualité inférieure au précédent . .	1500 à 1600	
— après 4 mois.		6 à 15
Béton en mortier de chaux hydraulique de dosage convenable.	1900	4

Application des tableaux précédents

—

Un dé en roche de Laversine est destiné à recevoir une colonne devant porter 50000 kil.; quelle devra être la surface occupée par la base de la colonne pour que la pression sur le dé laisse toute sécurité?

Le tableau donne pour la charge de sécurité de la roche de Laversine 30 à 45 kil. par centimètre carré; adoptons la moyenne 36 kil. — La surface sur laquelle devra s'exercer la pression sera égale à autant de centimètres carrés que 36 kil. est contenu dans 50000 kil.; c'est-à-dire qu'on aura, appelant S la surface de la base de la colonne.

$$S = \frac{50000}{36} = 1389 \text{ centimètres carrés.}$$

Il faudra donc calculer la surface de la base de la colonne en raison de ce nombre.

Le plus souvent les colonnes ont une base dont la surface est insuffisante; dans ce cas, on interpose entre la colonne et le dé une semelle plus large et d'une épaisseur convenable pour répartir, sans flexion, la charge sur la surface voulue.

VERRES — Mesures du commerce

0m33 × 1m26	0m45 × 1m02	0m57 × 0m81
0m36 × 1m20	0m48 × 0m96	0m60 × 0m75
0m39 × 1m14	0m51 × 0m90	0m62 × 0m72
0m42 × 1m08	0m54 × 0m87	0m66 × 0m69

Principaux alliages

Bronze	des canons et statues	cuivre 90 à 91 °/°
		étain 10 à 9 —
	des cloches	cuivre 78 —
		étain 22 —
	dit des Keller	cuivre 94.40 —
		étain 1.70 —
		zinc 3.33 —
		plomb 1.37 —

Laiton	cuivre 65 °/°
	zinc 35 —
Maillechort	cuivre 50 —
	zinc 31.25 —
	nickel 18.75 —
Soudure des plombiers	étain 66.66 —
	plomb 33.33 —

Dimensions des BOIS DU COMMERCE

DÉSIGNATION COMMERCIALE DES BOIS	LARGEUR	ÉPAISSEUR	LONGUEUR
Chêne :			
Feuillet	0^m23	0^m013	1^m65 à 3^m90
Panneau	0.23	0.020	—
Entrevoux	0.23	0.027	—
Planche	0.33	0.034	—
—	0.22	0.041	—
—	0.20	0.047	—
Doublette	0.32	0.054	—
Petit battant	0.234	0.075	—
Membrure	0.16	0.080	—
Battant de porte cochère	0.32	0.110	—
Chevrons	0.081	0.081	—
Sapin de bateau :			
Plats bords	0^m33 à 0^m36	0.054	17^m à 22^m75
Marchand	0.22	0.027	1^m95 à 5^m85
D'échafaudage	»	0.031 à 0.041	—
Sapin de Lorraine :			
Roannais	0.32	0.08	10.00
Feuillet	0.32	0.013	3.57
Planche	0.32	0.027	—
—	0.32	0.034	3.90
—	0.25	0.041	—
Sapin du Nord :			
Madrier	0.22	0.054 à 0.065	3.90
Feuillet	0.22	0.013	2.00
Panneau	0.22	0.020	—
Planche	0.22	0.027	—
—	0.22	0.034	—
Chevrons	0.08	0.08	2.00
Peuplier :			
Voliges	0.217	0.014 à 0.016	—
Planches	0.23	0.027	—

TABLEAU N° 42

Poids des fers carrés et des fers ronds par mètre courant (1)
(Échantillons courants du commerce)

COTÉS ou DIAMÈTRES	FERS CARRÉS	FERS RONDS	COTÉS ou DIAMÈTRES	FERS CARRÉS	FERS RONDS
m/m	k	k	m/m	k	k
5	»	0.13	32	7.97	6.26
6	»	0.22	34	9.00	7.07
7	»	0.30	36	10.09	7.93
8	»	0.39	38	11.24	8.83
9	0.63	0.49	40	12.46	»
10	0.78	0.61	41	13.09	10.29
11	0.94	0.74	43	14.42	11.33
12	1.12	0.88	45	15.77	12.39
13	»	1.03	47	17.21	13.52
14	1.52	1.20	50	19.47	15.29
15	1.75	1.37	52	»	16.34
16	1.99	1.56	54	22.70	17.84
17	»	1.76	58	»	20.64
18	2.52	1.98	61	28.98	22.80
19	»	2.20	65	»	25.85
20	3.11	2.44	68	36.07	28.33
21	»	2.69	75	45.04	34.42
22	3.76	2.96	81	51.48	40.19
23	4.13	3.24	85	56.26	44.21
25	4.86	3.82	88	60.40	47.44
27	5.67	4.46	95	69.50	55.22
29	6.56	5.15	101	79.57	62.49
30	7.00	5.50	108	90.98	71.40

(1) On obtient le poids au mètre courant : des fers carrés en multipliant le carré du côté par 7k788 ; des fers ronds en multipliant le carré du diamètre par 6k117.

TABLEAU N° 43

Poids des fers bandelettes et platinés

AU MÈTRE COURANT (1)

LARGEUR en millimètres	ÉPAISSEUR EN MILLIMÈTRES							
	4 1/2	6	7	9	11	14	16	18
	k	k	k	k	k	k	k	k
14	0.48	0.64	0.75	0.98	»	»	»	»
16	0.56	0.75	0.87	1.12	1.37	1.74	»	»
18	0.62	0.84	0.98	1.26	1.54	1.96	2.24	»
20	0.70	0.93	1.09	1.40	1.71	2.18	2.49	2.80
23	0.79	1.05	1.23	1.58	1.94	2.46	2.82	3.17
25	0.87	1.16	1.36	1.75	2.14	2.73	3.12	3.50
27	0.93	1.26	1.47	1.89	»	»	»	»
29	0.99	1.33	1.55	2.00	»	»	»	»
32	1.12	1.49	1.74	2.24	»	»	»	»
34	1.19	1.58	1.85	2.38	»	»	»	»
36	1.26	1.68	1.96	2.52	»	»	»	»
38	»	»	»	2.66	»	»	»	»
41	»	1.88	2.20	»	»	»	»	»
45	»	2.10	2.45	»	»	»	»	»
47	»	2.19	2.56	»	»	»	»	»
50	»	2.33	2.72	»	»	»	»	»
54	»	2.52	2.94	»	»	»	»	»
61	»	2.89	3.27	»	»	»	»	»
68	»	3.12	3.64	»	»	»	»	»
75	»	»	4.08	»	»	»	»	»
81	»	»	4.41	»	»	»	»	»
90	»	»	4.90	»	»	»	»	»
95	»	»	5.17	»	»	»	»	»
100	»	»	5.44	»	»	»	»	»
108	»	»	5.88	»	»	»	»	»

(1) On obtient le poids au mètre courant des fers plats en multipliant la largeur par l'épaisseur et le produit ainsi obtenu par 7 kil. 788.

TABLEAU N° 44

Poids au mètre courant des fers plats (ÉCHANTILLONS DU COMMERCE

(Pour le poids au mètre des fers dits larges-plats, voir le Tableau n° 59)

LARGEUR en millimètres	ÉPAISSEUR EN MILLIMÈTRES														
	9	11	14	16	18	20	23	25	27	29	32	34	36	38	40
	k	k	k	k	k	k	k	k	k	k	k	k	k	k	k
27	»	2.31	2.94	3.36	3.78	4.20	»	»	»	»	»	»	»	»	»
29	»	2.44	3.11	3.55	3.99	4.44	»	»	»	»	»	»	»	»	»
32	»	2.74	3.48	3.98	4.48	4.93	5.61	»	»	»	»	»	»	»	»
34	»	2.91	3.70	4.23	4.76	5.29	5.98	6.61	»	»	»	»	»	»	»
36	»	3.08	3.92	4.48	5.04	5.60	6.33	7.00	7.44	»	»	»	»	»	»
38	»	3.25	4.14	4.73	5.32	5.91	6.69	7.39	7.85	»	»	»	»	»	»
40	2.80	3.42	4.36	4.98	5.60	6.23	7.04	7.78	8.26	8.87	»	»	»	»	»
45	3.15	3.85	4.90	5.60	6.30	6.98	7.92	8.76	9.20	9.98	»	»	»	»	»
47	3.29	4.02	5.12	5.85	6.58	7.32	8.27	9.45	9.71	10.43	»	»	»	»	»
50	3.50	4.28	5.45	6.23	7.00	7.78	8.80	9.73	10.33	11.09	»	»	»	»	»
54	3.78	4.62	5.88	6.71	7.56	8.40	9.30	10.51	11.15	11.98	»	»	»	»	»
61	4.20	»	6.53	7.47	8.40	9.33	10.73	11.67	12.60	13.53	14.94	15.86	»	»	»

TABLEAU N° 44 (*suite*)

ÉPAISSEUR EN MILLIMÈTRES

LARGEUR en millimètres	9	11	14	16	18	20	23	25	27	29	32	34	36	38	40
	k	k	k	k	k	k	k	k	k	k	k	k	k	k	k
65	4.55	5.50	7.03	8.10	9.11	10.12	11.44	12.65	13.43	14.42	15.92	16.90	»	»	»
68	4.68	5.72	7.28	8.32	9.36	10.40	11.96	13.00	14.04	15.08	16.64	17.68	»	»	»
75	5.25	6.42	8.17	9.34	10.50	11.68	13.20	14.60	15.77	16.64	18.69	19.85	»	»	»
81	5.58	6.82	8.67	9.91	11.13	12.39	14.25	15.49	16.73	17.97	19.82	21.06	»	»	»
90	6.30	7.70	9.84	11.20	12.60	14.01	15.84	17.52	18.92	19.97	22.42	23.83	»	»	»
95	6.65	7.99	10.35	11.83	13.30	14.79	16.72	18.49	19.97	21.07	23.67	25.15	»	»	»
100	7.00	8.56	10.90	12.46	14.01	15.57	17.60	19.47	21.02	22.19	24.92	26.47	»	»	»
108	7.44	9.08	11.56	13.22	14.88	16.52	19.00	20.66	22.30	23.96	26.44	28.08	29.76	31.40	33.04
135	9.43	11.56	14.71	16.81	18.91	21.02	23.75	26.27	28.38	29.95	33.64	35.74	37.84	»	39.71
160	11.20	13.70	17.44	18.68	22.42	24.92	28.20	31.15	33.64	35.50	39.87	42.36	44.85	»	»
200	13.80	16.80	21.40	»	»	»	»	»	»	»	»	»	»	»	»
220	15.40	18.50	23.60	»	»	»	»	»	»	»	»	»	»	»	»
250	17.30	21.00	26.80	»	»	»	»	»	»	»	»	»	»	»	»
300	21.90	25.70	32.70	»	»	»	»	»	»	»	»	»	»	»	»

TABLEAU N° 45

Poids au mètre courant des Cornières

Cornières égales				Cornières inégales			
DIMENSIONS en millimètres	POIDS du MÈTRE	DIMENSIONS en millimètres	POIDS du MÈTRE	DIMENSIONS en millimètres	POIDS du MÈTRE	DIMENSIONS en millimètres	POIDS du MÈTRE
	Kos		Kos		Kos		Kos
$\frac{15 \times 15}{3}$	0.70	$\frac{55 \times 55}{9}$	7.60	$\frac{20 \times 13}{3}$	0.65	$\frac{90 \times 70}{9}$	10.40
$\frac{15 \times 15}{5}$	1.20	$\frac{60 \times 60}{8}$	7.00	$\frac{25 \times 15}{3}$	1.00	$\frac{95 \times 60}{7}$	9.00
$\frac{20 \times 20}{4}$	1.00	$\frac{60 \times 60}{10}$	8.80	$\frac{30 \times 16}{3}$	1.20	$\frac{100 \times 65}{13}$	15.79
$\frac{20 \times 20}{5}$	1.70	$\frac{65 \times 65}{9}$	8.34	$\frac{30 \times 16}{5}$	1.90	$\frac{100 \times 70}{9\frac{1}{2}}$	12.20
$\frac{25 \times 25}{4}$	1.45	$\frac{65 \times 65}{10\frac{1}{2}}$	9.50	$\frac{35 \times 18}{4}$	1.50	$\frac{100 \times 80}{12\frac{1}{2}}$	15.00
$\frac{25 \times 25}{5}$	1.85	$\frac{70 \times 70}{9}$	9.35	$\frac{35 \times 18}{6}$	2.30	$\frac{110 \times 64}{10}$	12.40
$\frac{30 \times 30}{4\frac{1}{2}}$	2.00	$\frac{70 \times 70}{12}$	12.00	$\frac{40 \times 18}{5}$	2.40	$\frac{120 \times 80}{13}$	19.00
$\frac{30 \times 30}{6\frac{1}{2}}$	2.40	$\frac{75 \times 75}{9\frac{1}{2}}$	10.20	$\frac{40 \times 18}{7}$	3.25	$\frac{120 \times 90}{14}$	21.00
$\frac{35 \times 35}{5}$	2.60	$\frac{75 \times 75}{13}$	14.00	$\frac{40 \times 20}{7}$	3.33	$\frac{125 \times 80}{9}$	13.50
$\frac{35 \times 35}{6\frac{1}{2}}$	3.00	$\frac{80 \times 80}{10}$	11.30	$\frac{45 \times 20}{5}$	2.50	$\frac{130 \times 90}{13}$	21.16
$\frac{40 \times 40}{5}$	2.88	$\frac{80 \times 80}{14}$	16.90	$\frac{55 \times 45}{6}$	4.32	$\frac{140 \times 80}{14}$	22.00
$\frac{40 \times 40}{7\frac{1}{2}}$	4.30	$\frac{85 \times 85}{11}$	12.94	$\frac{60 \times 35}{8}$	6.50	$\frac{140 \times 100}{14\frac{1}{2}}$	26.00
$\frac{45 \times 45}{5}$	3.33	$\frac{85 \times 85}{13}$	14.00	$\frac{70 \times 35}{5}$	3.83	$\frac{150 \times 70}{14}$	21.00
$\frac{45 \times 45}{8}$	5.25	$\frac{90 \times 90}{11}$	14.10	$\frac{70 \times 40}{8}$	7.00	$\frac{150 \times 90}{12}$	21.30
$\frac{50 \times 50}{6}$	4.36	$\frac{90 \times 90}{14}$	20.40	$\frac{70 \times 50}{6\frac{1}{2}}$	5.90	$\frac{150 \times 90}{14}$	24.20
$\frac{50 \times 50}{7}$	4.90	$\frac{100 \times 100}{12}$	17.00	$\frac{80 \times 50}{9}$	8.00	$\frac{160 \times 90}{14}$	25.90
$\frac{50 \times 50}{8\frac{1}{2}}$	6.30	$\frac{100 \times 100}{16}$	23.00	$\frac{80 \times 60}{10}$	10.50	$\frac{160 \times 120}{15}$	31.00
$\frac{55 \times 55}{7}$	5.60	$\frac{120 \times 120}{13}$	23.00	$\frac{90 \times 80}{10}$	11.00		

NOTA. — Les deux nombres placés au-dessus de la ligne et séparés par le signe × indiquent les longueurs des côtés; le nombre au-dessous de la ligne, l'épaisseur moyenne. Ex. : $\frac{50 \times 50}{6}$ cornière de 50 m/m de côté et de 6 m/m d'épaisseur.

TABLEAU N° 46

Dimensions et poids du mètre courant de différents fers à T (échantillons du commerce)

TYPE DU PROFIL

DIMENSIONS EN MILLIMÈTRES				POIDS du mètre
h	b	e	e'	
18	20	3	3	0.812
18	20	3½	3½	0.940
20	23	3	3	0.940
22	20	3	3	1.050
23	25	4	4	1.370
25	22	3	3	1.290
25	27	4	4	1.500
27	25	3	3	1.370
27	30	4	4	1.650
30	30	6	6	2.250
40	36	6	6	3.150
40	36	7	7	4.100
50	46	7	7	5.000
60	45	8	8	6.500
70	65	9	9	9.000
80	75	10	10	11.500
»	»	»	»	»
20	17	4	4	0.950
25	20	4	4	1.200
30	25		4½	1.600
35	30	5	5	2.250
40	23	6	6	3.250

TYPE DU PROFIL

DIMENSIONS EN MILLIMÈTRES					POIDS du mètre
h	b	e	e'	e''	
18	18	3½	4	3	0.804
18	20	3	3	2	0.880
18	23	5	5½	4½	1.260
18	26	5	5½	4½	1.410
20	23	4	4½	4	1.110
20	24	5	4½	3	0.970
25	24	4	4½	3½	1.350
25	26	5	6	6	1.700
40	30	6	6½	5½	2.650
44	40	7	7	6	3.650
33	54	9½	10	9	6.900
60	56	8	9	8	6.600
80	75	9½	10	9	11.000
83	75	9	9	8	12.000
85	75	13	14	13	15.000
40	70	8	10	9½	6.650
43	90	8	10½	9	8.250
55	80	8	7	7	7.820
55	95	8	7	7	8.625
60	100	8¾	10	8¾	9.500
60	100	9½	10	9	11.250
60	125	8	9	9	12.500
60	125	11	11	9	14.220
70	100	9½	10	9	11.900
75	125	12½	13	11	18.500
80	150	13	15	11	21.300
80	150	12	11	9	16.000

TABLEAU N° 47

—

Dimensions et poids au mètre courant de différents fers à vitrage

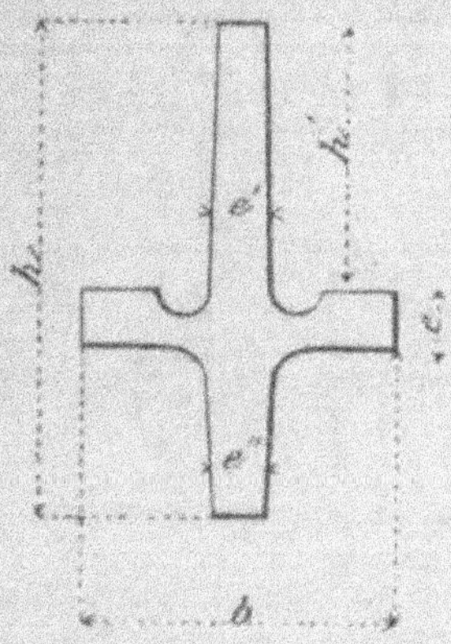

TYPE DU PROFIL

DIMENSIONS EN MILLIMÈTRES						POIDS DU MÈTRE
h	b	h'	e	e'	e''	
						KIL.
44	30	22	7	3	5	2.500
54	33	26	8	3 ½	3 ½	4.000
54	33	28	7 ½	3 ½	3	2.200
60	35	32	7	5	3	4.000
65	35	35	8	3 ½	6	4.500

DIMENSIONS EN MILLIMÈTRES							POIDS du mètre	POIDS DU FER à 1/2 moulures
h	b	h'	h''	e	e'	e''		
							KILOG.	KILOG.
40	20	18 $\frac{1}{2}$	17	4	6	8	2.300	2.75
50	25	27	18 $\frac{1}{2}$	4	7	8 $\frac{1}{2}$	3.650	3.25
60	30	36	18 $\frac{1}{2}$	4	8	11	4.850	4.500
27	18	15	9	3 $\frac{1}{2}$	4 $\frac{1}{2}$	8	1.460	1.200
33	22	19	11	3 $\frac{1}{2}$	5 $\frac{1}{2}$	8	2.200	1.800
38	23	26	11	3 $\frac{1}{2}$	5 $\frac{1}{2}$	9	2.620	2.400
43	24	27	15 $\frac{1}{2}$	3 $\frac{1}{2}$	5 $\frac{1}{2}$	10	3.035	2.600
52	24	35	11	4 $\frac{1}{2}$	6	10	3.500	3.170

TABLEAU N° 48

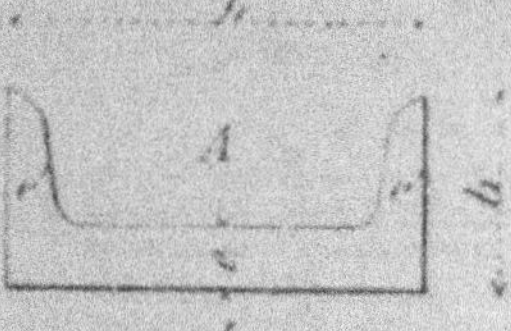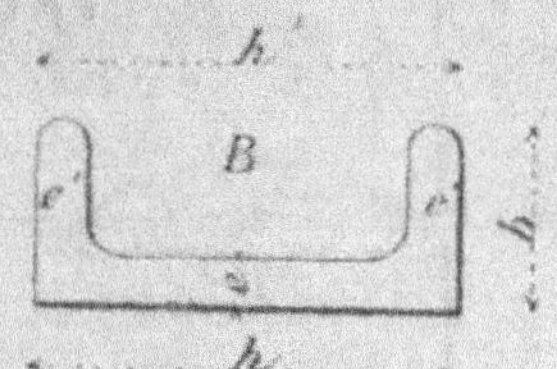

Dimensions et poids au m. courant de différents fers en ⊔

PROFIL	DIMENSIONS EN MILLIMÈTRES					POIDS du MÈTRE
	h	h'	b	e	e'	k
B	31	31	13	5	4 1/2	1.751
B	50	48	25	6	6	4.000
A	50	50	25	6	6	4.000
B	48 à 50	48 à 50	25	7	7	4.200
A	60	58	30	6	7	5.500
B	60	60	30	6	7	5.500
A	150	150	53	8	10	16.930
A	150	150	60	13	10	22.780
A	155	160	55	6	7	13.5.3
A	174	174	60	8	9 1/2	18.500
A	174	174	62	10	10	22.450
A	174	174	67	15	10	29.400
A	250	250	80	10	11 1/2	32.000
A	250	250	75	12	15	38.000
B	250	250	85 1/2	15 1/2	11 1/2	43.000
A	250	230	88	25	15	63.000

TABLEAU N° 49

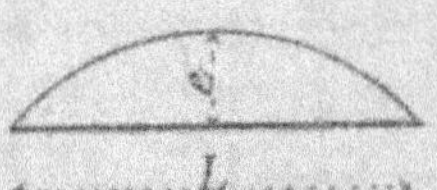

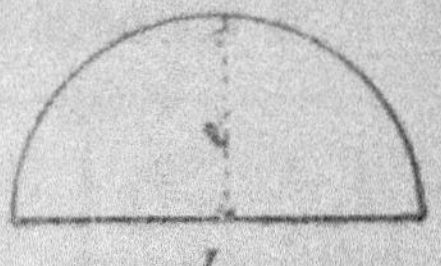

Fers demi-ronds dimensions et poids au mètre courant

L	e	POIDS du MÈTRE	L	e	POIDS du MÈTRE	L	e	POIDS du MÈTRE
m/m	m/m	kil.	m/m	m/m	kil.	m/m	m/m	kil.
12	8	0.620	27	5	0.700	36	18	3.920
14	7	0.593	27	8	1.175	36	24	5.580
14	8	0.700	27	14	2.310	40	7	1.410
16	7	0.634	29	7	1.144	40	9	2.180
16	8	0.775	29	8	1.250	40	18	4.360
16	9	0.900	29	14	2.430	42	7	1.645
18	6	0.636	30	5	0.810	42	14	3.200
18	9	1.000	30	8	1.500	45	7	1.714
18	10	1.120	30	10	1.560	45	16	3.800
20	6	0.663	31	7	1.465	45	18	4.536
20	9	1.050	31	10	1.702	45	20	5.270
20	10	1.210	31	15	2.783	45	25	7.000
22	7	0.842	32	7	1.210	47	7	1.610
22	10	1.294	32	17	3.342	47	14	3.620
22	11	1.463	33	9	1.600	50	9	2.400
24	6	0.770	33	10	1.800	50	22	6.535
24	7	0.893	34	8	1.445	54	7	2.013
24	11	1.550	34	9	1.640	54	18	5.250
24	12	1.740	34	12	2.268	54	20	6.006
25	5	0.628	34	16	3.235	60	9	2.915
25	7	0.946	35	9	1.656	70	20	7.620
25	8	1.099	35	11	2.120	70	25	9.915
25	9	1.260	35	20	4.382	70	35	14.860
25	14	2.180	36	7	1.347	80	25	13.580

TABLEAU N° 50
TOLES — Poids du mètre carré

ÉPAISSEUR en MILLIMÈTRES	$\frac{5}{10}$	$\frac{6}{10}$	$\frac{7}{10}$	$\frac{8}{10}$	$\frac{9}{10}$	1	$1\frac{1}{4}$	$1\frac{1}{2}$	$1\frac{3}{4}$	2
Poids du mèt. car. (k⁰ˢ)	3.894	4.673	5.452	6.230	7.009	7.788	9.734	11.680	13.630	15.580

ÉPAISSEUR en MILLIMÈTRES	$2\frac{1}{4}$	$2\frac{1}{2}$	$2\frac{3}{4}$	3	$3\frac{1}{4}$	$3\frac{1}{2}$	$3\frac{3}{4}$	4	$4\frac{1}{4}$	$4\frac{1}{2}$
Poids du mèt. car. (k⁰ˢ)	17.525	19.470	21.415	23.360	25.305	27.250	29.20	34.150	22.097	35.045

ÉPAISSEUR en MILLIMÈTRES	$4\frac{3}{4}$	5	$5\frac{1}{2}$	6	$6\frac{1}{2}$	7	$7\frac{1}{2}$	8	$8\frac{1}{2}$	9
Poids du mèt. car. (k⁰ˢ)	36.992	38.940	42.835	46.730	50.625	54.520	58.440	62.300	66.195	70.090

ÉPAISSEUR en MILLIMÈTRES	$9\frac{1}{2}$	10	11	12	13	14	15
Poids du mèt. car. (k⁰ˢ)	73.985	77.880	85.670	93.460	104.240	108.040	116.820

TABLEAU N° 51
Poids moyen des équerres d'assemblages pour planchers

ÉQUERRES POUR I DE (m)	LONGUEURS (m)	POIDS D'UNE ÉQUERRE (k)
0.080	0.06	0.500
0.100	0.07	0.525
0.120	0.09	0.700
0.140	0.11	1.000
0.160	0.13	1.200
0.180	0.15	1.600
0.200	0.16	1.700
0.220	0.18	2.100

TABLEAU N° 52

Poids des boulons à tête et écrou à 6 pans

Longueur de la tige en millimètres	DIAMÈTRES EN MILLIMÈTRES																		
	5	7	9	10	11	12	14	16	18	20	22	25	27	29	30	35	40	45	50
	gr.	gr.																	
10	4.81	12.90	gr.	gr.	gr.	gr.	»	»	»	»	»	»	»	»	»	»	»	»	»
15	5.52	14.40	28.40	36.70	48.28	63.37	gr.	gr.	»	»	»	»	»	»	»	»	»	»	»
20	6.30	15.90	30.54	39.80	51.98	67.78	102.91	153.40	gr.	gr.	»	»	»	»	»	»	»	»	»
25	7.04	17.40	33.02	42.82	55.68	71.88	108.91	161.23	221.20	301.52	gr.	gr.	»	»	»	»	»	»	»
30	7.81	18.90	35.50	45.90	59.38	76.29	114.90	169.06	231.10	313.78	406.76	584.71	gr.	gr.	»	»	»	»	»
35	8.60	20.40	38.00	48.90	63.08	80.69	120.90	176.90	244.02	326.00	421.57	603.33	758.48	927.70	»	»	»	»	»
40	9.34	21.90	40.50	52.00	66.78	85.09	126.90	184.72	250.94	338.24	436.38	621.95	780.78	953.43	»	»	»	»	»
45	10.10	23.40	42.94	55.10	70.48	89.50	132.89	192.55	260.86	350.48	431.20	640.51	803.09	979.16	kos	»	»	»	»
50	10.90	24.90	43.42	58.12	74.18	93.90	138.89	200.38	270.77	362.72	466.00	659.20	825.40	1k005	1.109	»	»	»	»
55	»	26.40	47.90	61.18	77.88	98.30	144.48	208.21	280.68	374.96	480.81	677.80	847.70	1.030	1.137	kos	»	»	»
60	»	27.90	50.40	64.24	81.58	102.71	150.87	216.04	290.60	387.20	495.62	696.43	870.00	1.056	1.164	1.759	»	»	»
65	»	29.40	52.90	67.30	85.28	107.12	156.87	223.87	300.50	399.44	510.43	715.05	892.31	1.081	1.192	1.796	kos	»	»
70	»	39.09	55.34	70.36	88.98	111.52	162.80	231.70	310.43	411.68	525.24	733.67	914.61	1.107	1.220	1.834	2.662	»	»
75	»	32.40	57.82	73.42	92.68	115.93	168.80	239.53	320.34	423.92	540.05	752.30	930.92	1.133	1.247	1.871	2.711	»	»
80	»	33.90	60.30	76.48	96.38	120.33	174.85	247.36	330.26	436.46	554.86	770.91	959.22	1.159	1.275	1.909	2.760	kos	»
85	»	35.40	62.80	79.54	100.08	124.74	180.85	255.19	340.17	448.40	569.67	789.53	981.53	1.184	1.302	1.946	2.809	3.813	»
90	»	36.90	65.30	82.60	103.78	129.14	186.84	263.02	350.09	460.64	584.48	808.15	1k004	1.210	1.330	1.984	2.858	3.875	»
95	»	38.40	67.74	85.63	107.48	133.33	192.84	270.85	360.00	472.83	599.30	826.77	1.030	1.236	1.357	2.024	2.907	3.937	»

100	»	39.90	70.22	88.72	111.18	137.95	198.83	278.68	369.92	485.12	614.10	845.40	1.030	1.262	1.383	2.058	2.955	3.999	5.328
110	»	42.90	75.20	94.84	118.58	146.76	210.82	294.34	389.73	509.60	643.72	882.63	1.093	1.313	1.440	2.133	3.053	4.123	5.480
120	»	45.90	80.14	100.96	125.98	155.57	222.80	310.00	409.58	534.08	673.34	919.87	1.140	1.364	1.495	2.208	3.151	4.247	5.634
130	»	48.90	85.10	107.08	133.38	164.38	234.80	325.66	429.41	558.56	702.96	957.10	1.182	1.416	1.550	2.283	3.249	4.371	5.787
140	»	51.90	90.10	113.20	140.78	173.19	246.80	341.32	449.24	583.04	732.58	994.35	1.230	1.467	1.605	2.358	3.347	4.495	5.940
150	»	54.90	95.02	119.32	148.18	182.00	258.78	356.98	469.07	607.52	762.20	1k032	1.271	1.519	1.660	2.432	3.445	4.619	6.093
160	»	57.90	99.98	125.44	155.58	190.81	270.77	372.64	488.90	632.00	791.82	1.069	1.320	1.570	1.715	2.508	3.543	4.742	6.246
170	»	60.90	104.94	131.55	162.98	199.62	282.76	388.30	508.73	656.48	821.44	1.106	1.361	1.622	1.770	2.583	3.641	4.866	6.399
180	»	63.90	109.90	137.68	170.38	208.43	294.75	403.96	528.56	680.96	851.06	1.143	1.410	1.673	1.825	2.658	3.739	4.990	6.552
190	»	66.90	114.90	143.80	177.78	217.24	306.74	419.62	548.39	705.44	880.68	1.181	1.450	1.725	1.880	2.733	3.837	5.114	6.705
200	»	69.90	119.80	149.92	185.18	226.05	318.73	435.28	568.22	729.92	910.30	1.218	1.494	1.776	1.935	2.808	3.934	5.238	6.858
220	»	»	»	»	199.98	243.67	342.71	466.60	607.38	778.88	959.54	1.292	1.584	1.879	2.046	2.958	4.130	5.486	7.164
240	»	»	»	»	214.78	261.29	366.69	497.92	647.54	827.84	1k029	1.367	1.673	1.982	2.157	3.108	4.326	5.734	7.470
260	»	»	»	»	229.58	278.91	390.67	529.24	687.20	876.80	1.088	1.441	1.762	2.085	2.266	3.258	4.522	5.982	7.776
280	»	»	»	»	244.38	296.53	414.65	560.56	726.86	925.76	1.147	1.516	1.851	2.188	2.376	3.408	4.718	6.229	8.082
300	»	»	»	»	259.18	314.15	438.63	591.88	766.52	974.72	1.206	1.590	1.941	2.291	2.486	3.558	4.913	6.477	8.327
320	»	»	»	»	»	»	462.61	623.20	806.18	1k024	1.266	1.665	2.030	2.394	2.596	3.708	5.109	6.725	8.693
340	»	»	»	»	»	»	486.59	654.52	845.84	1.073	1.325	1.739	2.120	2.497	2.706	3.858	5.305	6.973	9.000
360	»	»	»	»	»	»	510.57	685.84	885.50	1.122	1.384	1.814	2.210	2.600	2.817	4.007	5.501	7.221	9.305
380	»	»	»	»	»	»	534.55	717.16	925.16	1.171	1.443	1.888	2.300	2.702	2.927	4.157	5.697	7.468	9.611
400	»	»	»	»	»	»	558.53	748.48	964.82	1.220	1.503	1.963	2.390	2.805	3.037	4.307	5.892	7.716	9.917
420	»	»	»	»	»	»	»	779.80	1k005	1.268	1.562	2.037	2.480	2.908	3.147	4.457	6.088	7.964	10.223
440	»	»	»	»	»	»	»	811.12	1.044	1.317	1.621	2.112	2.570	3.011	3.257	4.607	6.284	8.212	10.529
460	»	»	»	»	»	»	»	842.44	1.084	1.366	1.680	2.186	2.650	3.114	3.367	4.737	6.480	8.460	10.834
480	»	»	»	»	»	»	»	873.76	1.123	1.415	1.740	2.251	2.744	3.217	3.477	4.907	6.676	8.708	11.141
500	»	»	»	»	»	»	»	905.08	1.163	1.464	1.799	2.335	2.833	3.320	3.588	5.057	6.871	8.955	11.447

POIDS MOYEN AU MÈTRE CARRÉ DES PLANCHERS

SOLIVES, ENTRETOISES ET FENTONS

Pour l'usage du tableau ci-après, on prendra la surface dans œuvre des pièces portant planchers.

Les résultats que nous donnons sont des moyennes calculées à l'aide des tableaux n°s 3, 4, 5, 6, 7, 8, 9 et 10. — Les charges portées par les planchers par mètre carré conviennent à des planchers de maisons d'habitation ordinaires (pour les fers jusqu'à 160 : 350 kil. par m. car. — pour les fers I de 18 et 20 : 400 à 450 kil. — enfin pour les fers I de 22 : 450 à 500 kil.).

Le coefficient de travail du fer est 10, excepté pour les portées de 7^m00 et de 7^m25 pour lesquelles, à cause de la flexion, nous avons pris R = 8.

Les solives sont comptées avec des portées, ou scellements, dans les murs de 0^m20.

Les entretoises sont comptées avec des écartements de 1 mètre en moyenne.

Les fentons sont comptés à raison de deux cours par entrevous, avec des scellements de 0^m20 de chaque bout, et en tenant compte de la plus-value de poids due à l'irrégularité de ces fers et aux croisements.

TABLEAU N° 53

Planchers composés de fer I 80 (à 6 k. 25 le mèt.). = **Portées** 2^m à 2^m75. Charge totale, par mètre carré, portée par le plancher = 350 kilogr.

Solives .... 8^k95	Solives .... 8^k95	Solives 8.95
Entretoises de 14^m/^m 1.69	Entretoises de 14^m/^m 1.69	Entretoises de 14^m/^m 1.69
Fentons de 9^m/^m.... 2.00	Fentons de 10^m/^m... 2.47	Fentons de 11^m.^m... 2.98
12^k64	13^k11	13^k62
Solives .... 8^k95	Solives .... 8^k95	Solives .... 8^k95
Entretoises de 16^m/^m 2.09	Entretoises de 16^m/^m 2.09	Entretoises de 16^m/^m 2.09
Fentons de 9^m/^m.... 2.00	Fentons de 10^m/^m... 2.47	Fentons de 11^m/^m... 2.98
13^k04	13^k51	14^k02
Solives .... 8^k95	Solives .... 8^k95	Solives .... 8^k95
Entretoises de 18^m/^m 2.65	Entretoises de 18^m/^m 2.65	Entretoises de 18^m/^m 2.65
Fentons de 9^m/^m.... 2.00	Fentons de 10^m/^m... 2.47	Fentons de 11^m/^m... 2.98
13^k60	14^k07	14^k58

Planchers composés de fers **I** de 100 (à 9 kil. le mèt.). — **Portées** 2m75 à 3m25. Charge totale par mètre carré portée par le plancher = 350 kilogr.

Solives .... 14k 10 Entretoises de 14m/m 1.52 Fentons de 9m/m .... 2.17 —————— 17k 79	Solives .... 14k 10 Entretoises de 14m/m 1.52 Fentons de 10m/m ... 2.70 —————— 18k 32	Solives .... 14k 10 Entretoises de 14m/m 1.52 Fentons de 11m/m .. 3.25 —————— 18k 87
Solives .... 14k 10 Entretoises de 16m/m 2.00 Fentons de 9m/m .... 2.17 —————— 18k 27	Solives .... 14k 10 Entretoises de 16m/m 2.00 Fentons de 10m/m ... 2.70 —————— 18k 80	Solives .... 14k 10 Entretoises de 16m/m 2.00 Fentons de 11m/m ... 3.25 —————— 19k 35
Solives .... 14k 10 Entretoises de 18m/m 2.54 Fentons de 9m/m .... 2.17 —————— 18k 81	Solives .... 14k 10 Entretoises de 18m/m 2.54 Fentons de 10m/m ... 2.70 —————— 19k 34	Solives .... 14k 10 Entretoises de 18m/m 2.54 Fentons de 11m/m ... 3.25 —————— 19k 89

Planchers composés de fers **I** de 120 (à 11 k. le mèt.). — **Portées** 3m25 à 4m. Charge totale par mètre carré, portée par le plancher = 330 kilogr.

Solives .... 18k 50 Entretoises de 14m/m 1.90 Fentons de 9m/m ... 2.32 —————— 22k 72	Solives .... 18k 50 Entretoises de 14m/m 1.90 Fentons de 10m/m ... 2.85 —————— 23k 25	Solives .... 18k 50 Entretoises de 14m/m 1.90 Fentons de 11m/m ... 3.45 —————— 23k 85
Solives .... 18k 50 Entretoises de 16m/m 2.50 Fentons de 9m/m ... 2.32 —————— 23k 32	Solives .... 18k 50 Entretoises de 16m/m 2.50 Fentons de 10m/m ... 2.85 —————— 23k 85	Solives .... 18k 50 Entretoises de 16m/m 2.50 Fentons de 11m/m ... 3.45 —————— 24k 45
Solives .... 18k 50 Entretoises de 18m/m 3.15 Fentons de 9m/m .... 2.32 —————— 23k 97	Solives .... 18k 50 Entretoises de 18m/m 3.15 Fentons de 10m/m ... 2.85 —————— 24k 50	Solives .... 18k 50 Entretoises de 18m/m 3.15 Fentons de 11m/m ... 3.45 —————— 25k 10

Planchers composés de fers **I** de 140 (à 14 k. le mèt.) — **Portées** 4m à 4m75. Charge totale par mètre carré, portée par le plancher = 350 kilogr.

Solives .... 22k 70 Entretoises de 14m/m 2.10 Fentons de 9m/m .... 2.25 —————— 27k 05	Solives .... 22k 70 Entretoises de 14m/m 2.10 Fentons de 10m/m ... 2 78 —————— 27k 58	Solives .... 22k 70 Entretoises de 14m/m 2.10 Fentons de 11m/m ... 3.35 —————— 28k 15
Solives .... 22k 70 Entretoises de 16m/m 2.70 Fentons de 9m/m .... 2.25 —————— 27k 65	Solives .... 22k 70 Entretoises de 16m/m 2.70 Fentons de 10m/m ... 2.78 —————— 28k 18	Solives .... 22k 70 Entretoises de 16m/m 2.70 Fentons de 11m/m ... 3.35 —————— 28k 75

Solives............ 22k 70	Solives............. 22k 70	Solives............ 22k 70
Entretoises de 18m/m 3.33	Entretoises de 18m/m 3.33	Entretoises de 18m/m 3.33
Fentons de 9m/m.... 2.25	Fentons de 10m/m... 2.78	Fentons de 11m/m... 3.35
28k 28	28k 81	29k 38

Planchers composés de fers **I** de 160 (à 15 k. le mèt.). — **Portées** 4m75 à 5m25. Charge totale par mètre carré, portée par le plancher = 350 kilogr.

Solives............ 23k 70	Solives............. 23k 70	Solives............ 23k 70
Entretoises de 14m/m 2.28	Entretoises de 14m/m 2.28	Entretoises de 14m/m 2.28
Fentons de 9m/m.... 2.23	Fentons de 10m/m... 2.75	Fentons de 11m/m... 3.32
28k 21	28k 73	29k 30

Solives............ 23k 70	Solives............. 23k 70	Solives............ 23k 70
Entretoises de 16m/m 2.98	Entretoises de 16m/m 2.98	Entretoises de 16m/m 2.98
Fentons de 9m/m.... 2.23	Fentons de 10m/m... 2.75	Fentons de 11m/m... 3.32
28k 91	29k 43	30k 00

Solives............ 23k 70	Solives............. 23k 70	Solives............ 23k 70
Entretoises de 18m/m 3.78	Entretoises de 18m/m 3.78	Entretoises de 18m/m 3.78
Fentons de 9m/m.... 2.23	Fentons de 10m/m... 2.75	Fentons de 11m/m... 3.32
29k 71	30k 23	30k 80

Planchers composés de fers **I** de 180 (à 20 k. le mèt.). — **Portées** 5m25 à 6m. Charge totale par mètre carré, portée par le plancher = 400 à 450 kilogr.

Solives............ 30k 00	Solives............. 30k 00	Solives............ 30k 00
Entretoises de 14m/m 2.34	Entretoises de 14m/m 2.34	Entretoises de 14m/m 2.34
Fentons de 9m/m.... 2.10	Fentons de 10m/m... 2.62	Fentons de 11m/m... 3.08
34k 34	34k 96	35k 42

Solives............ 30k 00	Solives............. 30k 00	Solives............ 30k 00
Entretoises de 16m/m 2.95	Entretoises de 16m/m 2.95	Entretoises de 16m/m 2.95
Fentons de 9m/m.... 2.10	Fentons de 10m/m... 2.62	Fentons de 11m/m... 3.08
35k 05	35k 57	36k 03

Solives............ 30k 00	Solives............. 30k 00	Solives............ 30k 00
Entretoises de 18m/m 3.70	Entretoises de 18m/m 3.70	Entretoises de 18m/m 3.70
Fentons de 9m/m.... 2.10	Fentons de 10m/m... 2.62	Fentons de 11m/m... 3.08
35k 80	36k 32	36k 78

Planchers composés de fers **I** de 200 (à 22 k. le m.). — **Portées** 6m à 6m75. Charge totale par mètre carré, portée par le plancher = 400 à 450 kilogr.

Solives............ 33k 00	Solives............. 33k 00	Solives............ 33k 00
Entretoises de 14m/m 2.47	Entretoises de 14m/m 2.47	Entretoises de 14m/m 2.47
Fentons de 9m/m.... 2.03	Fentons de 10m/m... 2.52	Fentons de 11m/m... 3.02
37k 50	37k 99	38k 49

Solives .... 33^k00	Solives .... 33^k00	Solives .... 33^k00
Entretoises de 16ᵐ/ᵐ 3.22	Entretoises de 16ᵐ/ᵐ 3.22	Entretoises de 16ᵐ/ᵐ 3.22
Fentons de 9ᵐ/ᵐ.... 2.03	Fentons de 10ᵐ/ᵐ... 2.52	Fentons de 11ᵐ/ᵐ... 3.02
38^k25	38^k74	39^k24

Solives .... 33^k00	Solives .... 33^k00	Solives .... 33^k00
Entretoises de 18ᵐ/ᵐ 4.10	Entretoises de 18ᵐ/ᵐ 4.10	Entretoises de 18ᵐ/ᵐ 4.10
Fentons de 9ᵐ/ᵐ.... 2.03	Fentons de 10ᵐ/ᵐ... 2.52	Fentons de 11ᵐ/ᵐ... 3.02
39^k13	39^k62	40^k12

Planchers composés de fers à I de 220 (à 25 k. le mèt.). — **Portées** de 6ᵐ50 à 7ᵐ25. Charge totale par mètre carré, portée par le plancher = 450 à 500 kilos.

Solives .... 43^k50	Solives .... 43^k50	Solives .... 43^k50
Entretoises de 14ᵐ/ᵐ 2.80	Entretoises de 14ᵐ/ᵐ 2.80	Entretoises de 14ᵐ/ᵐ 2.80
Fentons de 9ᵐ/ᵐ.... 2.52	Fentons de 10ᵐ/ᵐ... 3.12	Fentons de 11ᵐ/ᵐ... 3.75
48^k82	49^k42	50.05

Solives .... 43^k50	Solives .... 43^k50	Solives .... 43^k50
Entretoises de 16ᵐ/ᵐ 3.65	Entretoises de 16ᵐ/ᵐ 3.65	Entretoises de 16ᵐ/ᵐ 3.65
Fentons de 9ᵐ/ᵐ.... 2.52	Fentons de 10ᵐ/ᵐ... 3.12	Fentons de 11ᵐ/ᵐ... 3.75
49^k67	50^k27	50^k90

Solives .... 43^k50	Solives .... 43^k50	Solives .... 43^k50
Entretoises de 18ᵐ/ᵐ 4.65	Entretoises de 18ᵐ/ᵐ 4.65	Entretoises de 18ᵐ/ᵐ 4.65
Fentons de 9ᵐ/ᵐ.... 2.52	Fentons de 10ᵐ/ᵐ... 3.12	Fentons de 11ᵐ/ᵐ... 3.75
50^k77	51^k27	51^k90

CALCUL DU POIDS DES POUTRES

EN TOLE ET CORNIÈRES

—

USAGE DES TABLEAUX 54 À 59

—

Ces tableaux permettent de trouver, à l'aide d'une *simple addition de deux nombres*, le poids au mètre courant des poutres composées avec les cornières courantes du commerce.

Un seul exemple indiquera l'usage des tableaux.

EXEMPLE. — Quel est le poids au mètre courant d'une poutre composée de 4 cornières $\frac{80 \times 80}{10}$

$$2 \text{ semelles de } 250 \times 14$$
$$1 \text{ âme de } \quad 500 \times 11$$

1° Dans le tableau donnant le poids des semelles et *cornières de* **80**, nous trouvons à la rencontre des colonnes **250** (largeur des semelles) et **14** (épaisseur des semelles).................. $106^{k}66$

2° Dans le tableau (n° 59) *poids des âmes*, nous trouvons à la rencontre des colonnes **500** (hauteur) et **11** (épaisseur)..................................... 54,52

Total, poids du mètre courant.... $161^{k}18$

OBSERVATIONS. — Ces tableaux ne donnent que le poids de la section réelle de la poutre, y compris la plus-value due aux têtes de rivets ; on devra donc, lorsque les poutres comporteront des couvre-joints ou des montants verticaux, faire le poids de ces pièces et l'ajouter au poids trouvé à l'aide des tableaux.

Si, au lieu des cornières qui ont été prises pour calculer les tableaux, on avait affaire à des cornières de dimensions autres, on n'aurait évidemment qu'à prendre la différence de poids au mètre entre celles-ci et celles-là, et à ajouter ou à retrancher cette différence aux poids des tableaux.

Calcul du poids des poutres en tôle et cornières

TABLEAU N° 54

Poids au mètre courant des **2 semelles**, des **4 cornières** et des têtes de rivets des poutres avec cornières de $\dfrac{60 \times 60}{8}$

ÉPAISSEUR des SEMELLES en MILLIMÈTRES	LARGEUR DES SEMELLES EN MILLIMÈTRES								
	0	135	140	160	180	200	220	230	250
	k^{os}	k^{os}	k^{os}	k^{os}	k^{os}	k^{os}	k^{os}	k^{os}	k^{os}
0	29.27	»	»	»	»	»	»	»	»
7	»	46.54	47.06	49.24	51.42	53.60	55.08	56.68	59.04
8	»	48.60	49.24	51.72	54.20	56.72	59.20	60.44	62.95
9	»	50.70	51.42	54.22	57.60	59.80	62.60	64.00	66.84
10	»	52.82	53.60	56.72	59.82	62.80	66.06	67.62	70.74
11	»	54.92	55.78	59.20	62.64	66.06	69.49	71.20	74.62
13	»	59.10	60.12	64.16	68.20	72.24	75.92	77.96	82.40
14	»	61.22	62.32	66.68	71.04	75.40	79.58	81.56	86.28
16	»	65.44	66.68	71.64	76.64	81.64	86.60	89.10	94.10
18	»	69.64	71.04	76.64	82.20	87.84	93.47	96.28	101.80

TABLEAU N° 55

Poids au mètre courant des **2 semelles**, des **4 cornières** et des têtes de rivets des poutres avec cornières de $\dfrac{70 \times 70}{9}$

ÉPr des semelles en MILLI.	LARGEUR DES SEMELLES EN MILLIMÈTRES								
	0	160	180	200	210	220	250	270	280	300
	k^{os}	k^{os}	k^{os}	k^{os}	k^{os}	k^{os}	k^{os}	k^{os}	k^{os}	k^{os}
0	39.10	»	»	»	»	»	»	»	»	»
7	»	59.94	62.12	64.30	65.39	66.48	69.74	71.38	73.02	75.20
8	»	61.92	64.42	66.92	68.40	69.90	73.65	75.53	77.38	79.88
9	»	64.92	67.72	70.52	71.93	73.34	77.34	80.35	81.74	84.54
10	»	67.42	70.53	73.64	75.20	76.76	81.44	84.52	86.40	89.22
11	»	69.90	73.33	76.76	78.47	80.18	85.30	88.70	90.46	93.90
13	»	74.86	78.92	82.98	85.00	87.02	93.07	97.13	99.20	103.20
14	»	77.38	84.74	86.40	87.78	90.02	96.98	101.36	103.54	107.90
16	»	82.34	87.32	92.30	94.80	97.30	104.80	109.78	112.28	120.56
18	»	87.34	92.92	98.30	101.30	104.40	112.50	118.18	121.00	129.88
20	»	92.34	98.57	104.80	107.90	111.00	120.30	126.50	129.72	139.20
22	»	97.30	104.13	111.60	114.43	117.86	128.10	135.00	138.42	148.00

TABLEAU N° 56

Pour le calcul du poids des poutres en tôle et cornières

Poids au mètre courant des deux semelles, des quatre cornières et des têtes de rivets des

Poutres avec cornières de $\dfrac{80 \times 80}{10}$

LARGEUR DES SEMELLES EN MILLIMÈTRES

ÉPAISSEUR des semelles en millim.	0	180	200	220	250	270	280	300	320	350	370	400	420	450	470	500
	kos	kos	kos	kos	kos	kos	kos	kos	kos	kos	kos	kos	kos	kos	kos	kos
0	47.53	»	»	»	»	»	»	»	»	»	»	»	»	»	»	»
7	»	71.77	73.95	76.15	79.40	81.60	82.68	84.86	87.04	90.32	92.50	95.77	97.95	101.22	103.40	106.68
8	»	74.57	76.95	79.55	83.30	85.79	87.04	89.53	92.02	95.76	98.25	101.99	104.50	108.21	110.71	114.45
9	»	77.35	80.15	83.00	87.20	90.00	91.40	94.20	97.00	101.22	104.02	108.23	111.02	115.23	117.94	122.25
10	»	80.17	82.95	86.41	91.09	94.20	95.76	98.87	101.98	106.66	109.77	114.45	117.55	122.23	125.35	130.03
11	»	82.99	86.35	89.83	96.98	98.40	100.13	103.55	106.97	112.42	115.54	120.69	124.11	129.25	132.67	137.81
13	»	88.59	92.55	96.65	102.77	106.73	108.85	112.90	116.94	123.03	127.07	133.15	137.19	143.27	147.32	153.38
14	»	91.39	95.75	100.10	106.66	111.04	113.22	117.37	121.93	128.48	132.83	139.39	143.73	150.28	154.63	161.20
16	»	96.99	101.95	106.93	114.44	119.43	121.92	126.00	131.88	144.00	149.00	156.48	161.45	168.95	173.90	181.40
18	»	102.55	108.15	113.77	122.23	127.85	130.65	136.25	141.85	154.92	160.32	169.05	174.55	182.95	188.60	197.00
20	»	108.21	114.45	120.60	130.03	136.27	139.39	145.60	151.83	165.84	172.10	181.45	187.65	197.00	203.25	212.60
21	»	111.00	117.15	124.04	133.90	140.45	143.73	150.25	156.77	171.30	177.80	187.65	194.15	203.95	210.55	220.35
22	»	113.75	120.65	127.46	137.81	144.69	148.11	154.95	161.80	176.70	183.60	193.90	200.75	211.05	217.90	228.25
25	»	122.15	129.95	137.73	149.50	157.30	164.25	168.95	176.75	193.10	200.90	212.60	220.35	232.05	239.85	251.50
27	»	127.75	136.15	144.57	157.30	165.70	169.95	178.30	186.70	204.00	212.40	225.05	233.40	246.05	254.45	267.10
28	»	130.65	139.35	148.00	161.45	169.85	174.35	182.97	191.70	209.44	218.18	231.30	239.95	253.05	261.80	274.90
30	»	136.25	145.53	154.85	168.95	178.35	183.00	192.35	204.70	220.40	229.70	243.75	253.05	267.10	276.45	290.50
32	»	141.75	151.75	161.70	176.75	186.75	191.75	204.65	211.65	231.30	241.20	256.20	266.15	281.40	291.05	308.00
33	»	144.35	154.85	165.43	180.65	190.95	196.65	206.35	218.60	236.70	247.00	262.40	272.65	288.40	298.40	313.80
35	»	150.25	161.05	172.00	188.40	199.35	204.85	215.70	226.60	247.60	258.50	274.90	285.75	302.10	313.00	329.40

TABLEAU N° 57

Pour le calcul du poids des poutres en tôle et cornières

Poids au mètre courant des deux semelles, des quatre cornières et des têtes de rivets des

$$\text{Poutres avec cornières de } \frac{90 \times 90}{11}$$

ÉPAISSEUR des semelles en millim.	LARGEUR DES SEMELLES EN MILLIMÈTRES													
	0	200	220	250	270	300	320	350	370	400	420	450	470	500
	kos	kos	kos	kos	kos	kos	kos	kos	kos	kos	kos	kos	kos	kos
0	58.75	»	»	»	»	»	»	»	»	»	»	»	»	»
7	»	87.27	89.45	92.72	94.91	98.17	100.35	103.63	105.80	109.08	111.26	114.53	116.71	120.00
8	»	90.38	92.87	96.61	99.10	102.84	105.33	109.07	111.56	115.30	117.78	121.42	124.02	127.76
9	»	93.50	96.30	100.50	103.31	107.51	110.31	114.53	117.33	121.54	124.33	128.54	131.35	135.56
10	»	96.61	99.72	104.39	107.51	112.18	115.29	119.97	123.08	127.76	130.86	135.54	138.66	143.34
11	»	99.72	103.45	108.29	111.72	116.86	120.28	125.42	128.85	134.00	137.40	142.55	145.98	151.11
13	»	105.96	110.00	116.08	120.14	126.21	130.25	136.34	140.38	146.46	150.50	156.58	160.63	166.71
14	»	109.07	113.44	122.54	124.34	130.88	133.23	141.79	146.15	152.70	157.04	163.59	167.96	174.51
16	»	115.29	120.28	127.73	132.75	140.21	145.19	158.74	163.72	171.20	176.16	183.67	188.63	196.12
18	»	121.53	127.14	135.54	144.16	149.56	155.16	169.05	175.24	183.70	189.27	198.02	203.29	211.70
20	»	127.76	133.99	143.33	149.58	158.92	165.14	180.57	187.07	196.15	202.05	211.70	217.94	227.30
21	»	130.88	137.40	147.24	153.77	163.57	170.11	186.00	192.52	202.35	208.87	218.68	225.23	235.03
22	»	134.00	140.85	151.13	157.99	168.04	175.06	191.52	198.27	208.62	215.44	225.72	232.59	242.88
25	»	143.33	151.12	162.80	170.61	182.28	190.06	207.82	215.60	227.32	235.67	246.75	254.55	266.24
27	»	149.56	157.97	170.58	179.06	191.61	200.00	218.72	227.42	239.77	248.12	260.76	269.48	281.80
28	»	152.68	161.40	174.48	183.26	196.29	205.00	224.17	232.87	246.02	254.67	267.77	276.50	289.59
30	»	158.91	168.26	182.28	191.66	205.66	215.00	235.10	244.42	258.47	267.77	281.80	291.15	305.19
32	»	165.14	175.06	190.06	200.06	214.99	224.96	246.00	253.94	270.92	280.82	295.80	305.79	320.75
33	»	168.26	178.56	193.96	204.26	219.66	229.86	254.42	261.68	277.12	287.37	302.78	313.07	328.50
35	»	174.46	183.36	201.76	212.66	229.00	239.91	262.32	273.72	289.62	300.47	316.82	327.74	344.10
36	»	177.58	188.81	205.64	216.86	233.66	244.86	267.77	278.96	295.82	307.02	323.84	335.04	351.87
38	»	183.56	195.66	213.46	225.26	243.04	251.86	278.70	290.50	308.32	320.07	337.84	349.69	367.46
40	»	190.06	202.52	221.24	233.66	252.36	264.81	289.60	302.04	320.77	333.17	351.87	363.94	383.05

TABLEAU N° 58

Pour le calcul du poids des poutres en tôle et cornières. — Poids au mètre courant des 2 semelles, des 4 cornières et des têtes de rivets des **Poutres avec cornières** de $\dfrac{100 \times 100}{12}$

ÉPAISSEUR DES SEMELLES en millimètres	LARGEUR DES SEMELLES EN MILLIMÈTRES												
	0	220	250	270	300	320	350	370	400	420	450	470	500
	k°s	k°s	k°s	k°s	k°s	k°s	k°s	k°s	k°s	k°s	k°s	k°s	k°s
0	72.59	»	»	»	»	»	»	»	»	»	»	»	»
7	»	105.79	109.06	111.25	114.51	116.69	119.97	122.14	125.42	127.60	130.87	133.65	136.34
8	»	109.24	112.95	115.44	119.18	121.67	125.41	127.90	131.64	134.12	137.76	140.36	144.10
9	»	112.64	116.84	119.65	123.85	126.65	130.87	133.67	137.88	140.07	144.88	147.69	151.90
10	»	116.06	120.73	123.85	128.52	131.63	136.31	139.42	144.10	147.20	151.88	155.00	159.68
11	»	119.49	124.63	128.00	133.20	136.62	141.76	145.20	150.34	153.74	158.90	162.32	167.43
13	»	126.34	132.42	136.48	142.55	146.50	152.68	156.72	162.80	166.84	172.92	176.97	183.05
14	»	129.78	138.88	140.68	147.22	149.57	158.43	162.50	169.04	173.38	179.93	184.30	190.85
16	»	136.62	144.09	149.09	156.55	161.53	169.02	174.00	190.68	195.64	203.43	208.41	215.60
18	»	143.48	154.88	157.50	165.99	171.50	179.93	185.32	203.48	208.73	217.50	222.77	234.18
20	»	150.33	159.67	165.92	175.26	181.48	190.85	197.35	215.63	221.53	231.48	237.42	246.78
21	»	153.74	163.55	170.14	179.94	186.45	196.28	202.80	221.83	228.35	238.16	244.71	254.53
22	»	157.19	171.47	174.33	184.38	191.40	201.80	208.55	228.40	234.92	245.20	252.07	262.36
25	»	167.46	179.14	186.95	198.62	206.40	218.40	225.88	246.80	254.55	266.23	274.03	285.72
27	»	174.34	186.92	195.40	207.95	216.34	229.00	237.40	259.25	267.60	280.24	288.66	301.28
28	»	177.74	190.82	199.60	212.63	221.34	234.43	243.15	265.50	274.15	287.25	295.98	309.07
30	»	184.60	198.62	208.00	222.00	234.33	245.38	254.70	277.95	287.25	301.28	310.63	324.67
32	»	191.40	206.40	216.40	234.33	244.30	256.28	266.22	290.90	300.30	315.28	325.27	340.23
33	»	194.90	210.30	220.60	236.00	246.20	261.70	271.96	296.60	306.85	322.26	332.35	347.98
35	»	201.70	218.10	229.00	245.34	256.25	272.60	284.00	309.10	319.95	336.30	347.22	363.58
36	»	205.45	221.98	233.20	250.00	264.20	278.05	289.24	315.30	326.50	343.29	354.52	371.35
38	»	212.00	229.80	244.60	259.38	274.20	288.98	300.78	327.80	339.55	357.32	369.47	386.94
40	»	218.86	237.58	250.00	268.70	284.15	299.88	312.32	340.23	352.65	371.35	383.42	402.53
42	»	225.72	245.33	258.45	278.05	294.16	310.40	323.85	352.70	365.73	385.38	398.47	418.12
44	»	232.57	253.12	266.80	287.39	304.14	321.60	335.37	365.16	378.80	399.40	413.44	433.69
45	»	235.97	257.00	271.03	292.03	306.09	327.10	341.10	374.35	383.30	406.36	420.38	444.43
48	»	246.28	268.70	283.68	306.10	321.18	343.50	358.43	390.10	404.98	427.44	442.40	464.86
50	»	253.12	276.47	292.08	315.44	331.63	354.39	369.94	402.53	418.04	444.43	457.02	480.44

TABLEAU N° 59

Pour le calcul du poids des poutres en tôle et cornières
Poids des AMES au mètre courant

HAUTEUR en millimètres	ÉPAISSEUR EN MILLIMÈTRES									
	6	7	8	9	10	11	12	13	14	15
	kgs	kgs	kgs	kgs	kgs	kgs	kgs	kgs	kgs	kgs
180	8.40	9.80	11.20	12.60	14.00	15.40	16.80	18.20	19.60	21.00
190	8.88	10.36	11.84	13.32	14.80	16.28	17.76	19.24	20.72	22.20
200	9.34	10.90	12.45	14.00	15.57	17.13	18.69	20.24	21.80	23.36
210	9.80	11.44	13.07	14.70	16.34	17.97	19.61	21.24	22.87	24.51
220	10.28	12.00	13.71	15.42	17.13	18.85	20.56	22.27	23.99	25.70
230	10.74	12.53	14.32	16.11	17.90	19.69	21.48	23.27	25.06	26.86
240	11.22	13.09	14.96	16.83	18.70	20.57	22.44	24.31	26.18	28.05
250	11.68	13.63	15.57	17.52	19.46	21.41	23.36	25.31	27.26	29.20
260	12.14	14.16	16.18	18.21	20.24	22.25	24.28	26.30	28.33	30.36
270	12.61	14.70	16.80	18.90	21.00	23.10	25.20	27.30	29.41	31.54
280	13.08	15.26	17.44	19.62	21.80	23.98	26.16	28.34	30.52	32.70
290	13.56	15.82	18.08	20.33	22.58	24.85	27.12	29.38	31.63	33.88
300	14.02	16.35	18.69	21.03	23.36	25.70	28.04	30.37	32.70	35.05
310	14.08	16.69	19.31	21.73	24.14	26.55	28.96	31.37	33.78	36.21
320	14.94	17.43	19.92	22.41	24.92	27.39	29.88	32.37	34.86	37.38
330	15.42	17.99	20.56	23.13	25.70	28.27	30.84	33.41	35.98	38.55
340	15.90	18.55	21.20	23.85	26.48	29.15	31.80	34.45	37.10	39.72
350	16.36	19.08	21.81	24.53	27.26	30.00	32.72	35.44	38.16	40.89
370	17.28	20.16	23.04	25.92	28.80	31.68	34.56	37.44	40.32	43.20
400	18.67	21.24	24.28	27.31	30.34	33.38	36.42	39.45	42.48	45.51
450	21.03	24.53	28.04	31.54	35.04	38.55	42.06	45.56	49.06	52.56
470	21.98	23.63	29.29	32.96	36.60	40.28	43.96	47.61	51.26	54.96
500	23.38	27.25	31.15	35.02	38.94	42.85	46.74	50.64	54.52	58.44
550	25.73	30.00	34.25	38.52	42.84	47.15	51.44	55.69	59.97	64.26
600	28.04	32.70	37.38	42.06	46.72	51.40	56.08	60.74	65.40	70.10
650	30.39	35.45	40.48	45.56	50.62	55.70	60.78	65.79	70.85	75.95
700	32.72	38.20	43.62	49.06	54.52	60.00	65.44	70.88	76.32	81.78
750	35.07	40.91	46.72	52.56	58.42	64.30	70.14	73.93	81.77	87.63
800	37.34	43.56	49.80	56.02	62.24	68.46	74.68	80.92	87.12	93.44
850	39.69	46.30	52.90	59.52	66.44	72.76	79.38	85.97	92.57	99.29
900	42.06	49.06	56.08	63.08	70.08	77.40	84.12	91.12	98.12	105.12
950	44.44	51.84	59.18	66.58	73.98	81.40	88.82	96.17	103.57	110.97
1.000	46.73	54.50	62.25	70.05	77.88	85.68	93.48	101.27	109.00	116.82

POIDS DES FONTES
EMPLOYÉES DANS LES BATIMENTS

OBSERVATION. — Les fontes de bâtiment, suivant leur provenance, varient de poids ; les renseignements que nous donnons ci-après sont des moyennes entre les poids donnés par les différents fournisseurs.

TABLEAU N° 60

Colonnes pleines (Poids moyen du mètre)
COLONNES A BASE ET A CHAPITEAU CARRÉS
(Les diamètres sont mesurés au milieu du fût)

DIAMÈTRES	0m081	0m095	0m108	0m135
POIDS DU MÈTRE	40k00	60k00	70k00	105k00

TABLEAU N 61

Colonnes chapiteaux à consoles

DIAMÈTRES	0m135	0m150	0m160	0m175	0m180	0m200
POIDS DU MÈTRE.	110k00 à 115k00	125k00 à 130k00	150k00 à 160k00	180k00 à 190k00	190k00 à 195k00	235k00 à 245k00 .

TABLEAU N° 62

Colonnes à deux étages (Chapiteaux à consoles)

DIAMÈTRES	0m135	0m140	0m150	0m160	0m175	0m180	0m190	0m200	0m210	0m220
POIDS DU MÈTRE..	115k00	130k00	145k00	165k00	185k00	205k00	230k00	255k00	275k00	300k00

TABLEAU N° 63

Colonnes creuses (Poids au mètre courant)

OBSERVATION. — Les poids du tableau suivant ne comprennent pas le poids dû aux bases et aux chapiteaux, dont les formes, très-variables dans ces sortes de colonnes, donnent des poids qu'il n'est pas possible d'apprécier même moyennement ; on devra donc calculer le poids de ces parties de la colonne et l'ajouter au produit des poids au mètre, donnés ci-dessous, par les longueurs.

DIAMÈTRE EXTÉRIEUR en millimètres	130	140	160	180	200	220	230	250	260	280	300	350	400	450
DIAMÈTRE INTÉRIEUR en millimètres	104	112	128	144	160	176	184	200	208	224	240	280	320	370
ÉPAISSEUR en millimètres	13	14	16	18	20	22	23	25	26	28	30	35	40	40
POIDS DU MÈTRE	34^k	40^k	52^k	66^k	81^k	99^k	108^k	127^k	138^k	160^k	183^k	249^k	326^k	371^k

Tuyaux unis

OBSERVATIONS. — Les diamètres sont mesurés intérieurement.

Les tuyaux de 0ᵐ067 à 0ᵐ270 de diamètre se font généralement par bouts de 1ᵐ00, de 0ᵐ65, de 0ᵐ33 et de 0ᵐ16 de longueur. Ces longueurs sont mesurées du collet, au bout de la tubulure, en sorte que le bout de 0ᵐ33 mis en œuvre donne 0ᵐ33 de longueur utile.

La culotte simple a deux tubulures égales.

   »   double a trois   »   »

L'embranchement simple a une tubulure d'un diamètre plus petit que le corps principal.

L'embranchement double en a deux.

TABLEAU N° 64

Poids moyen des tuyaux et de leurs accessoires

DIAMÈTRES	BOUTS DE 1m00	BOUTS DE 0m65	BOUTS DE 0m33	BOUTS DE 0m16	CULOTTES SIMPLES	CULOTTES DOUBLES	EMBRANCHEMENTS SIMPLES	EMBRANCHEMENTS DOUBLES	COUDES	DAUPHINS DE 1m00	DAUPHINS DE 0m50
	k	k	k	k	k	k	k	k	k	k	k
0m067	9.50	7.00	3.10	1.85	5.30	7.80	5.15	8.00	2.50	12.00	5.25
0.081	11.50	8.15	3.90	2.30	7.00	9.00	5.65	11.00	2.95	13.00	6.40
0.095	13.00	8.50	4.60	2.80	8.25	12.00	9.15	12.25	3.85	15.50	9.15
0.108	15.00	9.60	5.65	3.00	10.30	14.25	9.50	14.25	4.00	19.00	10.80
0.135	18.50	11.90	6.70	4.50	16.00	24.50	13.80	18.25	5.30	»	14.00
0.162	21.50	14.00	8.30	5.20	22.15	28.00	18.25	22.00	6.70	»	18.50
0.189	27.00	17.25	10.00	5.65	25.40	36.00	23.15	28.00	8.25	»	25.00
0.216	32.00	20.00	12.00	7.40	26.50	42.00	24.25	31.20	9.10	»	32.00
0.243	36.00	24.50	13.65	8.25	33.00	39 75	29.60	40.40	10.30	»	»
0.270	42.00	29.00	16.30	10.50	44.00	56.00	»	»	19.25	»	»
0.300	»	31.25	19.00	12.00	60.00	78.00	»	»	22.00	»	»
0.320	»	39.00	24.00	14.50	68.00	80.00	»	»	22.50	»	»

TABLEAU N° 65

Poids moyen des tuyaux ovales

DIAMÈTRES INTÉRIEURS	BOUTS de 0m65	BOUTS de 0m33	BOUTS de 0m16	COUDES sur plat	COUDES sur champ	PROVENANCE
	kos	kos	kos	kos	kos	
0m11 × 0m16	15.50	8.80	»	7.00	6.50	Durenne
0.11 × 0.16	18.00	10.00	6.50	8.00	9.00	Val d'Osne
0.13 × 0.24	28.00	14.00	9.00	11.00	10.00	Val d'Osne
0.14 × 0.24	24.00	15.50	»	9.00	9.50	Durenne
0 14 × 0.27	27.00	17.00	10.00	13.00	13.00	Val d'Osne
0.14 × 0.28	31.50	14.50	»	15.00	14.50	Durenne
0.15 × 0.31	30.00	16.00	»	15.00	12.00	Durenne
0.16 × 0.32	43.00	24.00	11.00	19.50	18.00	Val d'Osne
0.19 × 0.30	35.00	17.50	»	17.50	18.00	Durenne
0.20 × 0.35	41.00	18.50	»	16.00	20.50	Durenne
0.20 × 0.35	46.00	27.00	14.00	25.00	26.00	Val d'Osne
0.24 × 0.36	50.00	21.00	»	25.00	31.50	Durenne

TABLEAU N° 66

Tuyaux cannelés — Poids approximatifs

DIAMÈTRES INTÉRIEURS	BOUTS de 1ᵐ00	BOUTS de 0ᵐ50	BOUTS de 0ᵐ25	DAUPHINS
	k⁰ˢ	k⁰ˢ	k⁰ˢ	k⁰ˢ
0ᵐ081	14.00	7.50	4.00	11.00
0.095	18.00	12.60	7.00	15.50
0.108	19.00	13.50	7.80	16.50
0.135	27.00	16.50	10.00	18.50
0.160	36.50	20.00	13.00	31.00

TABLEAU N° 67

Tuyaux à pans. — Poids approximatifs

DIMENSIONS INTÉRIEURES	BOUTS de 1ᵐ00	BOUTS de 0ᵐ50	BOUTS de 0ᵐ25	DAUPHINS
	k⁰ˢ	k⁰ˢ	k⁰ˢ	k⁰ˢ
0ᵐ127 × 0ᵐ070	26.00	10.00	6.00	13.00
0.162 × 0.090	28.00	12.00	7.00	16.00

Gargouilles de trottoirs

(Elles se font par longueurs variant de 5 en 5 centimètres depuis 0ᵐ20 jusqu'à 2ᵐ00)

GARGOUILLES SIMPLES, courantes, de 0ᵐ12 × 0ᵐ135. . . . . . 34 k⁰ˢ le mètre.
   Id.   id.   avec sabot, de   —   — . . . . 38 —   —
GARGOUILLES DOUBLES . . . .   —   — . . . . 80 —   —

TABLEAU N° 68

REGARDS D'ÉGOUTS

SÉRIE DU VAL D'OSNE

(L'épaisseur de ces regards varie du premier au dernier de 0ᵐ045 à 0ᵐ075.)

DIMENSIONS DU CHASSIS	DIAMÈTRE DU TAMPON	POIDS		POIDS TOTAL
		DU CHASSIS	DU TAMPON	
centimètres	centimètres	k^{os}	k^{os}	k^{os}
20 × 20	14	4.00	1.00	5.00
25 × 25	17	6.00	2.50	8.50
30 × 30	21	8.50	4.00	12.50
35 × 35	24	13.00	6.00	19.00
40 × 40	27	18.00	7.00	25.00
45 × 45	30	25.00	11.00	36.00
50 × 50	33	35.00	14.00	39.00
55 × 55	37	46.00	17.00	63.00
60 × 60	41	60.00	25.00	85.08
65 × 65	45	71.00	30.00	101.00
70 × 70	50	97.00	38.00	135.00
80 × 80	60	106.00	63.00	169.00
85 × 85	62	130.00	70.00	200.00
90 × 90	65	168.00	75.00	243.00
1.00 × 1.00	74	150.00	115.00	265.00
1.05 × 1.05	81	203.00	147.00	350.00

TABLEAU N° 69

CANIVEAUX A FEUILLURES AVEC PLAQUES CANNELÉES
Poids approximatifs

DÉSIGNATIONS et LONGUEURS DES PARTIES	DIAMÈTRES MESURÉS INTÉRIEUREMENT SANS TENIR COMPTE DE LA LARGEUR DES FEUILLURES					
	0m081	0m110	0m135	0m160	0m190	0m216
	kos	kos	kos	kos	kos	kos
Caniveaux de 1m00	10.00	11.00	15.50	18.25	20.00	26.25
Caniveaux de 0m50	4.25	5.90		11.00	12.00	14.10
Caniveaux de 0m25	2.50	3.10	4.40	5.80	7.00	8.35
Plaques de 1m00	8.00	9.50	10.50	12.25	13.50	15.25
Plaques de 0m50	4.00	4.90	6.00	6.25	6.50	7.50
Plaques de 0m25	2.00	2.25	2.40	2.75	3.40	4.00
Coudes de 0m16	1.90	2.20	3.50	4.00	7.40	7.30
Plaques d°	1.20	1.70	2.70	3.50	5.10	5.30
Té de 0m51	6.50	7.80	9.50	12.00	13.50	14.60
Plaques de 0m51	4.00	5.30	5.90	7.00	6.50	7.50

TABLEAU N° 70

PLAQUES CANNELÉES ET PLAQUES A DAMIERS

Poids approximatifs du mètre courant

PLAQUES	LARGEUR EN CENTIMÈTRES																			
	11	12	13	14	15	16	17	18	19	20	22	24	25	30	35	40	45	50	55	60
	kᵒˢ	kᵒˢ	kᵒˢ	kᵒˢ	kᵒˢ	kᵒˢ	kᵒˢ	kᵒˢ	kᵒˢ	kᵒˢ	kᵒˢ	kᵒˢ	kᵒˢ	kᵒˢ	kᵒˢ	kᵒˢ	kᵒˢ	kᵒˢ	kᵒˢ	kᵒˢ
Cannelées en	7.50	8.00	8.50	9.00	9.50	10.00	10.50	11.00	11.50	12.00	14.00	15.00	17.00	»	»	»	»	»	»	»
long.........	»	»	»	10.30	»	12.20	»	»	14.00	»	16.50	»	18.30	»	»	»	»	»	»	»
Cannelées en chevrons.....	»	»	»	9.35	»	10.00	»	»	13.20	»	»	16.50	»	»	»	»	»	»	»	»
A damiers......	»	»	»	»	11.00	»	»	»	»	13.70	»	»	17.00	21.00	23.50	27.70	31.50	35.00	39.00	42.00
	»	»	»	»	8.00	»	»	»	»	13.00	»	»	18.00	»	25.00	28.00	33.00	38.00	»	»

TABLEAU N° 71

Poids des Réchauds compris leurs grilles

RÉCHAUDS	DIMENSIONS EN CENTIMÈTRES					
	14	16	19	22	25	27
	k°°	k°°	k°°	k°°	k°°	k°°
Carrés.	2.30	2.80	3.40	4.75	5.50	7.75
Économiques.	»	6.50	8.15	10.00	12.50	17.00

TABLEAU N° 72

Poids des Poissonnières compris leurs grilles

DIMENSIONS EN CENTIMÈTRES	POIDS
	kilog.
27 $\times$ 14	4.10
30 $\times$ 13	4.70
32 $\times$ 15	4.90
35 $\times$ 14	5.60
35 $\times$ 20	5.90
38 $\times$ 14	6.40
40 $\times$ 14	7.45
40 $\times$ 22	7.95
43 $\times$ 14	8.90
46 $\times$ 15	10.50
48 $\times$ 15	12.20
53 $\times$ 21	14.10
57 $\times$ 20	14.80
60 $\times$ 20	16.50

TABLEAU N° 73

Poids au mètre superficiel des feuilles ou plaques de différents métaux

ÉPAISSEUR	FONTE	CUIVRE ROUGE	LAITON	PLOMB	ZINC
millimètres	k°³	k°³	k°³	k°³	k°³
1	7.20	8.79	8.51	11.35	6.86
2	14.40	17.58	17.02	22.70	13.72
3	21.60	26.36	25.52	34.06	20.58
4	28.80	35.15	34.03	45.41	27.44
5	36.00	43.94	42.54	56.76	34.31
6	43.20	52.73	51.05	68.11	41.17
7	50.40	61.52	59.56	79.46	48.03
8	57.60	70.30	68.06	90.82	54.89
9	64.80	79.09	76.57	102.17	61.75
10	72.00	87.38	85.08	113.52	68.61
11	79.20	96.67	93.59	124.88	75.47
12	86.40	105.46	102.10	136.22	82.33
13	93.60	114.24	110.60	147.58	89.19
14	100.80	123.03	119.11	158.93	96.05
15	108.00	131.82	127.62	170.28	102.92
16	115.20	140.61	136.13	181.63	109.78
17	123.00	149.40	144.64	192.98	116.64
18	130.20	158.18	153.14	204.34	123.50
19	137.40	166.97	161.65	215.69	130.36
20	144.60	175.76	170.16	227.04	137.22
21	151.80	184.55	178.67	238.39	144.08
22	159.00	193.94	187.18	249.74	150.94
23	166.20	202.12	195.68	261.10	157.80
24	173.40	210.91	204.19	272.45	164.66
25	180.60	219.70	212.70	283.80	171.53

TABLE DES MATIÈRES

MONITEUR GÉNÉRAL

COURS OFFICIEL du service municipal des travaux de la VILLE DE PARIS et de ses adjudications. — Cours des matériaux de construction, des métaux, de la propriété foncière. — Décisions du Conseil Municipal et Général. — Arrêtés de MM. les Préfets de la Seine et de Police.

JOURNAL HEBDOMADAIRE

FINANCIER — JUDICIAIRE — INDUSTRIEL — COMMERCIAL — AGRICOLE

(Paraissant tous les Samedis)

ABONNEMENTS :	BUREAUX :
Paris et Départements. . Un an. **10** fr.	**39**, rue Laffitte, Paris.
— Six mois **6**fr.	Annonces commerciales. La ligne **1** f. **50**
Un numéro **25** c. — Étranger port en sus.	Réclames. Faits divers. — **3** fr. »

Cette publication, qui compte aujourd'hui six années d'existence, est, à cause de la sûreté des renseignements qu'elle donne sur les cours des marchandises, des matériaux employés dans la construction et des métaux, très-utile à tous les commerçants et industriels ; mais elle est indispensable aux architectes, vérificateurs, etc , en un mot, à toute personne s'occupant de la comptabilité du bâtiment, soit pour établir les mémoires, soit pour en opérer le règlement, puisqu'elle fournit le prix des matériaux au jour même de leur emploi, permettant ainsi l'application exacte des bases *variables de la Série officielle de la Ville de Paris.*

ABONNEMENT:

Paris et départements. . . Un an, **10** francs. — Six mois.   **6** francs Étranger le port en sus. — Un numéro : **25** centimes.

NOTA. — L'Abonnement continue jusqu'à réception d'avis contraire.

Les abonnements sont reçus, pour PARIS, par lettre affranchie ; pour la PROVINCE, en envoyant le prix d'abonnement, en un mandat de poste, à l'ADMINISTRATEUR du MONITEUR GÉNÉRAL, 39, rue Laffitte, Paris.

IMPRIMERIE ET LIBRAIRIE CENTRALES DES CHEMINS DE FER

A. CHAIX ET Cie

RUE BERGÈRE, 20, PRÈS DU BOULEVARD MONTMARTRE, PARIS

PUBLICATIONS OFFICIELLES SUR LES CHEMINS DE FER

VOYAGES

L'INDICATEUR DES CHEMINS DE FER . . . . . Prix : 60 cent.

LIVRET-CHAIX continental, Guide des voyageurs sur tous les réseaux de l'Europe, avec cartes, paraissant tous les mois . . . Prix : 2 francs.

LIVRET-CHAIX spécial pour la France, avec cinq cartes, paraissant tous les mois . . . . Prix : 1 franc.

LIVRETS SPÉCIAUX des cinq grands réseaux français, avec carte, paraissant tous les mois . . . . Chaque livret : 30 cent.

LIVRET SPÉCIAL DES ENVIRONS DE PARIS, paraissant tous les mois, avec 10 plans coloriés . . . . Prix : 1 franc

LIVRET DES RUES DE PARIS, des voitures et des théâtres, avec plans de Paris et des théâtres . . . . Prix : 2 francs.

GRAND ATLAS des chemins de fer de l'Europe, bel album relié contenant 47 cartes . . . . . Prix : 42 francs. Chaque carte séparée : 2 francs.

CARTE DES CHEMINS DE FER FRANÇAIS, avec un coloris spécial pour chaque réseau . . . Paris : 3 francs ; Départements : 4 fr. 50 c.

CARTE DES CHEMINS DE FER DE L'EUROPE au $\frac{1}{1.700.000}$ imprimée en deux couleurs sur quatre feuilles grand aigle. Prix : en feuilles, 20 fr. sur toile et en étui 26 francs ; sur toile avec gorge et rouleau 32 fr.

LES CHEMINS DE FER DE L'EUROPE EN EXPLOITATION, Nomenclature et siége des Compagnies, lignes composant leurs réseaux respectifs ; un volume formant annexe à la carte ci-dessus. Prix : 2 francs.

EXPÉDITIONS

RECUEIL GÉNÉRAL DES TARIFS pour les transports à grande et à petite vitesse, paraissant tous les trois mois, avec carte.
Un an . . . Paris : 48 francs ; départements : 54 francs.
Un numéro. Paris : 15 francs ; départements : 17 francs.

L'INDICATEUR DES EXPÉDITIONS par grande et petite vitesse (1re série), Tarifs alphabétiques de ou pour Paris, avec carte. 3 francs.

CODE ANNOTÉ des chemins de fer en exploitation. Prix : 18 francs.

BULLETIN ANNOTÉ des chemins de fer en exploitation, paraissant tous les deux mois . . . . Un an : 8 francs.

TRAITÉ DU CONTRAT DE TRANSPORT . . . . . Prix : 5 francs.

TRAITÉ DE L'APPLICATION DES TARIFS des chemins de fer.
Prix : 7 francs.

LÉGISLATION ET JURISPRUDENCE SUR LE TRANSPORT DES MARCHANDISES par chemins de fer . . . . Prix : 10 francs.

DES LITIGES EN MATIÈRE DE TRANSPORT Prix : 1 fr. 50 c.

ANNUAIRE OFFICIEL DES CHEMINS DE FER (personnel des chemins de fer ; situations financières, documents statistiques ; conventions et cahier des charges), un volume paraissant chaque année. Prix : 6 francs.

IMPRIMERIE CENTRALE DES CHEMINS DE FER. — A. CHAIX ET Cie,
RUE BERGÈRE, 20, A PARIS. — 5788-9.